第二版

CNS工程圖學

Engineering Graphics

U0072826

張萬子 編著　曾全輝 校閱

洪雅書坊

　　隨著科技的發展，工程圖學的教學內涵亦逐漸受到影響，教學時數普遍被縮減，因此，如何編寫有效的教材及教法，以提升教學效率，在有限的時間內完成教學進度，讓學生學習到完整的工程圖學知識，是我們編著本書的最主要目的。

　　本書內容以彩色印製，立體模型皆以3D軟體製作。此外，我們設置有教學網站，提供教師及本書讀者使用，此系統採取3D動畫解說圖學原理、運用虛擬實境提高使用者的臨場感與互動性，使原本抽象模糊的空間概念及投影原理，變得易學易教，此系統可做為教師教學的輔助教材，亦可做為學生自學的電腦輔助學習系統。

　　工程圖學授課教師絕少對著書本唸課文講解，而是對著圖面講解圖學原理，因此圖例是教學的關鍵，除書本外，我們的網站上有更多的例題。本書提供教師豐富的教學圖檔，有傳統畫法及CAD畫法之圖檔及動畫，每一個繪圖原理幾乎皆有提供圖檔。書本礙於編幅的限制，常將許多個繪圖步驟濃縮在一個圖內，而我們的教學圖檔皆呈現逐步的繪圖步驟。

　　我們也將持續不斷的補充更多的圖例，供教師下載使用，由於可經由網路學習，難易程度可依使用者需要自行選取，因此高工或大專皆可以本書為教材。

　　本書內容如有疏漏處懇請讀者或教師隨時指正，我們將在網站上隨時公佈更新內容，對書本內容及教學網站的呈現方式也請讀者隨時提供寶貴意見。

　　感謝黃錦明老師及沈晉輝教授協助校閱及提供習題解答，感謝林哲正先生與胡念祖教授協助建立教學網站。

　　工程圖學教學系統網址：http://www.edrawing.org

編者 謹識

E-mail：n5059@ms5.hinet.net

工程圖學 Engineering Graphics

CONTENTS

Chapter 5　應用幾何

Chapter 12　點、直線與平面

Chapter 13　正投影

Chapter 14　尺度標註

Chapter 15 　輔助視圖

Chapter 16 　剖視圖

Chapter 17 　等角圖

Chapter *1*

概論

1.1 圖學及其重要性

　　現代工業講求專業分工，一項產品從設計、生產到銷售，須經過許多階段，由不同人員執行，人員之間往往無法面對面直接溝通，因此須藉助於其它的方式傳遞資訊。圖學(Graphic science)是以圖畫、符號及文字表達物體形狀、大小及製造等相關事項的科學，也是工程單位傳遞構想與交換知識的一種工具，亦可稱為圖畫語言，為工程人員必須精通的語言。圖畫語言對有形物體的描述能力非其他文字語言所能及，例如欲製造如圖1.1之物體，除非以圖學的方法表示，否則不易描述清楚。

　　學習圖學的目的，乃在於應用圖學原理與方法，依據指定之標準規範，以圖形及文字說明，精確的表達物體之形狀與製程，同時具備看懂他人所繪圖樣的內涵，因此學習圖學的目的，乃在於使學習者具備繪圖與識圖的能力，且繪圖時能達到正確、清晰、美觀、迅速等繪圖要件。

圖1.1　物體

1.2 圖學與工程圖之關係

　　圖學的內容包含投影幾何學、工程圖及圖解學等三大部分，合稱為工程圖學，工程圖為圖學的一部份。圖學各部分所包含的內容如下：

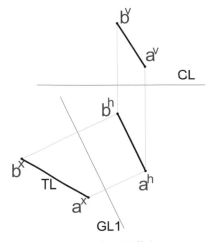

圖1.2 投影幾何

● **投影幾何學**：投影幾何學是應用投影原理，探討三度空間之點、線、面及體轉換成以平面圖呈現的科學，如圖1.2所示，投影幾何學是學習圖學的基礎。

● **工程圖**：工程圖係運用圖學的原理，藉由線條及文字說明，精確表達物體之構造，如圖1.3所示。由於皆運用相同的圖學原理繪製工程圖，因此同一物體世界各國之工程圖畫法相似，故工程圖有世界語言之稱。工程圖可依用途或內容分類：

✦ 依用途分類：設計圖、工作圖、訂購圖、說明圖…

✦ 依內容分類：組合圖、部份組合圖、零件圖、詳圖、流程圖、管路圖、配置圖…

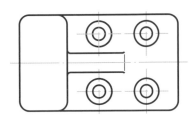

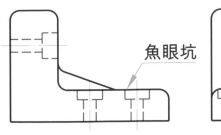 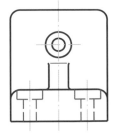

魚眼坑

內外圓角均為R3

圖1.3 工程圖

☞ **圖解學**：圖解學係運用圖表、圖形及線圖，以作圖的方式提供科學的資料，作為比較、預測、分析及計算工程數據的依據，以解決問題，如圖1.4所示。

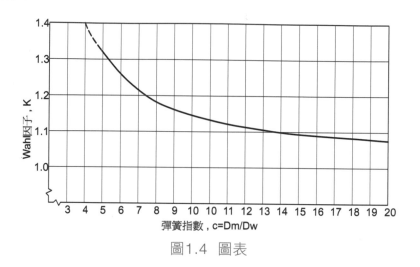

圖1.4　圖表

1.3　各國之工業規格及ISO國際標準規格

　　工程圖是工業界各種產品設計意念的表達工具，也是製造物品的藍本，欲使所繪之圖形能簡便且準確的表達設計意念，無須再做口頭說明即能讓用圖者了解，圖面在交流中有共同的理解與唯一的解釋，不發生疑問，不引起誤解，則必須對工程圖之畫法制定統一明確的規定。各國皆根據自己的需求制定適合的工程圖標準，有關製圖規格，各國標準略有差異，表1.1為各國之國家標準的代號。

表1.1　各國之國家標準代號

國家	代號	國家	代號	國家	代號	國家	代號
美國	ANSI	衣索比亞	ES.	匈亞利	MSZ	南非	SABS
澳洲	AS	埃及	ES.	巴西	NB	芬蘭	SFS
保加利亞	BOS	俄羅斯	GOST	比利時	NBN	以色列	SI
英國	BS	伊拉克	IOS	古巴	NC	瑞典	SIS
加拿大	CSA	印度	IS	荷蘭	NEN	瑞士	SNV
中華民國	CNS	伊朗	ISIRI	法國	NF	新加坡	SS.
斯里蘭卡	C.S.	國際標準	ISO	希臘	NHS	羅馬尼亞	STAS
捷克	CSN	日本	JIS	葡萄牙	NP	土耳其	TS.

國家	代號	國家	代號	國家	代號	國家	代號
墨西哥	DGN	南斯拉夫	JUS	挪威	NS	西班牙	UNE
德國	DIN	南韓	KS.	紐西蘭	NZS	義大利	UNI
丹麥	D3.	黎巴嫩	L.C.	波蘭	PN.	中華人民共和國	GB
歐洲地區	EN.	馬來西亞	MS.	巴基斯坦	PS.		

我國所制定的標準稱之為中華民國國家標準（Chinese National Standards），簡稱CNS，其中有關"工程製圖"標準的編號為CNS3-B1001及CNS4-B1002，全部內容分成如表1.2所示。

有鑒於各國所訂定之標準的差異，可能造成各國工程圖交流的障礙，國際標準化組織（International Organization for Standardization，簡稱 ISO），乃訂定通用之工程製圖標準，此規格雖然未全面為各國所採用，但參考或應用的國家逐年增多， CNS標準也是參照ISO規格而訂定。

表1.2 中華民國國家標準

總　　號	類　　號	名　　　稱
CNS3	B1001	工程製圖<一般準則>
CNS3-1	B1001-1	工程製圖<尺度標註>
CNS3-2	B1001-2	工程製圖<機械元件習用表示法>
CNS3-3	B1001-3	工程製圖<表面符號>
CNS3-4	B1001-4	工程製圖<幾何公差>
CNS3-5	B1001-5	工程製圖<鉚接符號>
CNS3-6	B1001-6	工程製圖<熔接符號>
CNS3-7	B1001-7	工程製圖<鋼架結構圖>
CNS3-8	B1001-8	工程製圖<管路製圖>
CNS3-9	B1001-9	工程製圖<液壓系氣壓系製圖符號>
CNS3-10	B1001-10	工程製圖<電機電子製圖符號>
CNS3-11	B1001-11	工程製圖<圖表畫法>
CNS 3-12	B1001-12	工程製圖<幾何公差−最大實體原理>
CNS 3-13	B1001-13	工程製圖<幾何公差−位置度公差之標註>
CNS 3-14	B1001-14	工程製圖<幾何公差−基準及基準系統之標註>
CNS 3-15	B1001-15	工程製圖<幾何公差−符號之比例及尺度>
CNS 3-16	B1001-16	工程製圖<幾何公差−檢測原理與方法>
CNS 3-17	B1001-17	工程製圖<機件之邊緣形態及其符號表示法>
CNS 3-18	B1001-18	工程製圖<板金膠合、鉤合、壓合符號表示法>
CNS4-1	B1002-1	產品幾何規範(GPS)−線性尺 之ISO公差編碼系統−第1部：公差、偏差及配合之基礎
CNS4-2	B1002-2	產品幾何規範(GPS)−線性尺度之ISO公差編碼系統−第2部：孔及軸之標準公差 類別與限界偏差表

1.4 圖紙之規格

常用圖紙可分兩種：

1. **製圖紙**：初學者或一般畫底圖常採用此種圖紙，其厚薄以「磅」數區分，係指500張全開紙之重量，一般採用厚度約150磅/500張左右的道林紙。紙張有一面較為光滑，通常圖面繪於光滑面上。

2. **描圖紙(Tracing paper)**：此種圖紙呈半透明狀，一般是先將草圖繪於製圖紙，再將描圖紙覆蓋在草圖上，再以針筆繪墨線於描圖紙上，以完成正式圖面，亦有以鉛筆直接在描圖紙上繪草圖，之後在描圖紙上直接上墨線。工程圖繪於描圖紙上的目的是用來製作藍圖。如以電腦繪圖，完成之圖面可直接以描圖紙出圖，亦可直接出圖在一般圖紙。

1.5 圖紙之大小

製圖紙的大小有一定的規定，以便於圖面之曬製、整理及保存，一般區分為A及B兩系列，如表1.3所示，A0的面積為$1m^2$，圖紙之長寬比皆為$1：\sqrt{2}$，可算得A0的長寬為841mm×1189mm，A1為A0的對折，以此類推，如圖1.5所示。CNS規定圖紙大小採用A系列。

表1.3 A系列及B系列系列圖紙大小 (mm)

編　號	A系列	B系列
0	841 × 1189	1030 × 1456
1	594 × 841	728 × 1030
2	420 × 594	515 × 728
3	297 × 420	364 × 515
4	210 × 297	257 × 364
5	148 × 210	182 × 257

圖1.5 圖紙之長寬比

1.6 圖框

為使圖面在複製或印刷時能正確定位，圖紙應事先畫好或印好圖框，且視圖必須畫於圖框內不可超出。CNS標準對圖框距圖紙邊界有詳細的規定，如圖1.6及表1.4所示，圖紙越大邊框即越大，需裝訂成冊的圖紙，左邊框大小一律為25 mm。

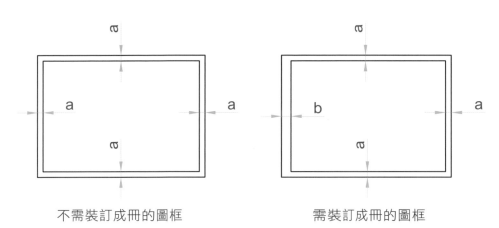

不需裝訂成冊的圖框　　　　　　　　需裝訂成冊的圖框

圖1.6　工程製圖標準圖框與紙邊之距離

表1.4　　工程製圖標準圖框與紙邊之距離(mm)

格式	A0	A1	A2	A3	A4
a（最小）	15	15	15	10	10
b（最小）	25	25	25	25	25

按CNS標準之規定，圖框區可加註其他相關記號如下：

1. **圖面分區記號**：為易於搜尋圖面內容，可於圖框外圍作偶數等分刻劃，如圖1.7，各刻劃間距約為25~75mm，刻劃線為粗實線，分區符號橫向以阿拉伯數字由左至右記入，縱向以大寫拉丁字母由上往下記入，分別置於兩刻劃線中央，並緊鄰圖框線。

2. **圖紙中心記號**：為使圖面在複製或製作微縮片能正確定位，可於圖框區畫中心記號，中心記號為粗實線，向內延伸超過圖框約5mm。

3. **圖紙邊緣記號**：為便於藍圖之製作及裁切定位，可於圖紙四個角落塗成實三角形代表圖紙邊緣記號，每邊長約10mm，如圖1-7，或為兩直交之粗短線，線粗約2mm，每邊長約10mm，如圖1-8。

4. **比例參考尺度**：為了解圖面之尺度比例，可於下方中心記號兩側，於圖框外緣處繪比例參考尺度，如圖1.8所示，長最少100mm，左右對稱，每10mm一格，寬約5mm，以粗實線繪製。

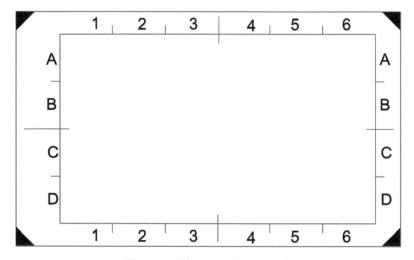

圖1.7 圖框區之相關記號

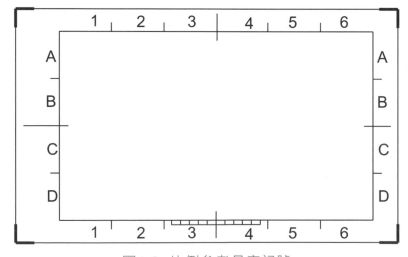

圖1.8 比例參考尺度記號

1.7 標題欄

如圖1.9所示，標題欄用以註明圖面一般事項，每一張工程圖均應有標題欄，標題欄應置於圖紙右下角，其右邊及下邊即為圖框線，標題欄所包含內容各使用機關可能稍有不同，但通常均包含下列項目：

1. 圖名。
2. 圖號。
3. 機構名稱。
4. 設計、繪圖、描圖、校核、審定等人員之姓名及日期。
5. 投影法(第一角法或第三角法)。
6. 繪圖比例。
7. 一般公差。

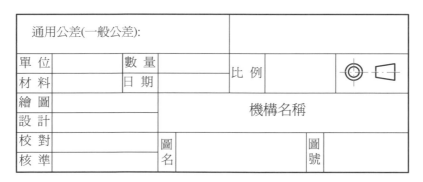

圖1.9 標題欄

畫組合圖時，其零件表可連接在標題欄上方，零件表通常包括件號、名稱、數量、材料及備註。

1.8 圖面之摺疊法

為了便於裝訂成冊及歸檔管理，較A4大的圖紙通常摺成A4大小，摺疊時，圖的標題欄必須摺在最上面以便查閱。摺疊的方法分為裝訂式與不裝訂式兩種，如圖1.10及圖1.11所示，各摺線旁的數字為摺疊次序。

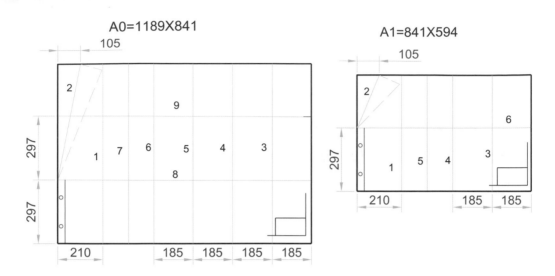

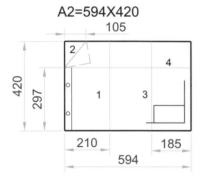

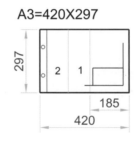

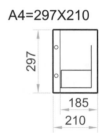

圖1.10　圖面之摺疊法

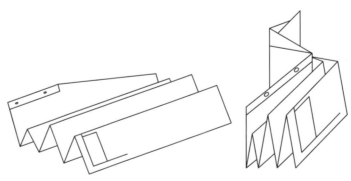

圖1.11　A0圖紙摺成A4大小

Chapter 2

工程字

　　文字與線條為工程圖之兩大要素，線條表現物體之形狀，文字則用來描述物體之內容，記述一切必要事項，如尺度大小、零件數量、加工方法、備註及標題等。在工程圖上所用之文字統稱為工程字。工程圖之線條與工程字皆須講求整齊美觀與正確清晰，工程字之重要性尤甚於線條，線條上的小錯誤有時閱圖者可自行發現，但工程字上的錯誤則很難發現。工程字體應力求字跡清晰、排列整齊、大小一致。

2.1 CNS標準工程字

　　工程圖上的工程字，可分中文字、拉丁字及阿拉伯數字三種。除尺度數字外，工程字的書寫一律由左至右橫寫，應力求整齊劃一，清晰易認，大小間隔適當。工程字皆以鉛筆或針筆書寫，以單筆（one-stroke）寫成，單筆之意為筆畫之粗細與鉛筆或針筆之粗細相等，無須做頓筆等任何修飾。CNS對工程字大小之規定，視圖面之大小而定，最小字高建議如表2.1所示。

表2.1　CNS建議最小字高

應用	圖紙大小	最小字高(mm)		
		中文字	拉丁字母	阿拉伯數字
標題圖號	A0,A1	7	7	7
	A2,A3,A4	5	5	5
尺度標註	A0,A1	5	3.5	3.5
	A2,A3,A4	3.5	2.5	2.5

因中文字之筆劃較多，最小字高較拉丁字及阿拉伯數字大。

2.2 中文字法

　　中文字以印刷鉛字中的等線體為原則，筆劃粗細一致，筆劃的粗細即筆尖粗細，以符合單筆劃的要求。中文字形分為方形、長形與寬形三種。如圖2.1所示，方形之字寬等於字高，長形的字寬為字高之3/4，寬形的字寬為字高之4/3。筆劃的粗細約為字高的1/15，字與字的間隔約為字高的1/8，行與行的間隔約為字高的1/3。

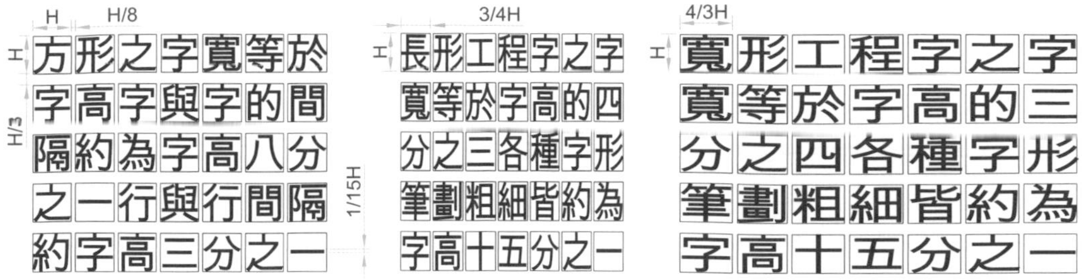

方形字　　　　長形字　　　　寬形字

圖2.1　中文字形

2.3 拉丁字母與阿拉伯數字

拉丁字母與阿拉伯數字分直式(圖 2.2)與斜式(圖2.3)兩種。斜式之傾斜角度約75°左右，筆畫的粗細約為字高之 1/10，工程字之線寬約為中線之粗細，行與行的間隔約為字高之2/3。一般工程圖上，拉丁字母以大寫書寫為主，小寫拉丁字母僅限用於特定的符號與縮寫。

圖2.2　直式拉丁字母與阿拉伯數字

圖2.3　斜體拉丁字母與阿拉伯數字

工 程 圖 學 Engineering Graphics

心 得 筆 記

Chapter *3*

線法

3.1 概論

線條與工程字是工程圖的基本要素，透過兩者傳達工程圖的內容，工程圖中不同粗細與形態的線條各有不同的意義，繪圖時必須遵守相關規定，以正確的線條繪出，方能正確的表達設計意念，並避免讀圖的失誤。

3.2 線條之粗細

依照中國國家標準CNS3B1001的規範，線條粗細區分為粗線、中線和細線三個等級，粗線約為中線之1.5倍，中線約為細線之2倍。線條之絕對粗細並無硬性規定，但同一張圖所用之粗線、中線和細線必須保持一定比例，CNS建議之線寬組合如表3.1所示。

表3.1 CNS建議之線寬組合　　單位：mm

粗	1	0.8	0.7	0.6	0.5	0.35
中	0.7	0.6	0.5	0.4	0.35	0.25
細	0.35	0.3	0.25	0.2	0.18	0.13

圖面大者採取較粗的線條，例如A1圖紙可選用0.7mm，0.5 mm及0.25mm，A4圖紙可選用0.5 mm，0.35 mm及0.18mm。

3.3 線條種類與用途

CNS對線條種類區分為三種，各種類線條之畫法與用途如表3.2，圖3.1為線條之應用例。

表3.2 各種類線條之畫法與用途(CNS 98年修訂公布)

種類		式　樣	線寬	畫法（以字高h=3mm為例）	用　途
實線	A	————————	粗	連續線	可見輪廓線、圖框線等
	B	————————	細	連續線	尺度線、尺度界線、指線、剖面線、作圖線、因圓角而消失的稜線、旋轉剖面的輪廓線、引線、投影線、折線、水平面等
	C	～～～～～～		不規則連續線(徒手畫)	折斷線
	D	—／——／—		兩相對銳角高約為字高 (3 mm)，間隔約為字高6倍(18 mm)	長折斷線
虛線	E	— — — — —	中	線段長約為字高(3mm)， 間隔約為線段之1/3(1 mm)	隱藏線
鏈線	一點鏈線 F	——·——·——	細	空白之間格約為1mm，兩間隔中之小線段長約為空白間隔之半(0.5mm)	中心線、節線、基準線
	一點鏈線 G	▬▬·▬▬·▬	粗		表面處理面之範圍
	一點鏈線 H	┌─·─	粗 細	與式樣F相同，但兩端及轉角之線段為粗， 其餘為細，兩端粗線最長為字高2.5倍(7.5 mm)， 轉角粗線最長為字高1.5倍(4.5 mm)	割面線
	兩點鏈線 J	——··——··——	細	空白之間格約為1mm，兩間隔中之小線段長約為空白間隔之半(0.5 mm)	假想線

為求電腦圖檔之交換取得一致性，CNS對電腦上線條採用之顏色建議如參考表1所示，但黃色線印刷效果不佳，本書並未按照參考表編印。

參考表1

線條用途名稱	顏色	線條用途名稱	顏色
輪廓線	白	尺度線、尺度界線	綠
虛線	紫	中心線、虛擬線	黃
文字	紫	剖面線、折斷線	青
數值	紅	圖框線	藍

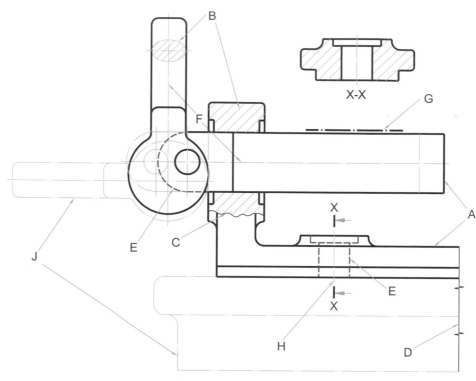

圖3.1 線條之應用例

3.4 虛線之畫法

　　虛線粗細為中線，如圖3.2，線段長約為字高，繪圖時儘量維持每段等長，每一空隙約1/3字高。如圖3.3虛線之起訖處必須皆為線段，不可為空隙。

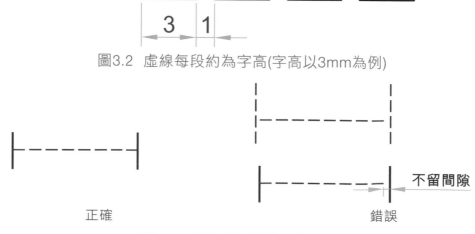

圖3.2 虛線每段約為字高(字高以3mm為例)

圖3.3 虛線之起訖處不留間隙

　　工程圖中各種線條相交處之畫法須加以注意，否則易造成誤解，特別是虛線之起訖與交接。茲將常遇到之交接情形說明如下：

1. 如圖3.4所示，虛線與虛線或實線相交時，儘可能相交於線段部份。

正確　　　　　　　　　　　　　　　　　　錯誤

圖3.4　虛線與虛線或實線相交

2. 如圖3.5所示，虛線與虛線相接時，須相接於線段部份。

正確　　　　　　　　　　　　　錯誤

圖3.5　虛線與虛線相接

3. 如圖3.6所示，虛線與實線或虛線垂直相接時，虛線之開始不留間隙。

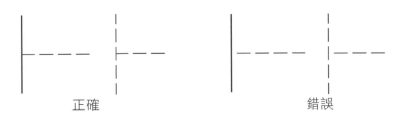

正確　　　　　　　　　　　　　錯誤

圖3.6　虛線與實線或虛線垂直相接

4. 如圖3.7所示，虛線為實線的延長時，虛線之起點前須留1mm空隙。

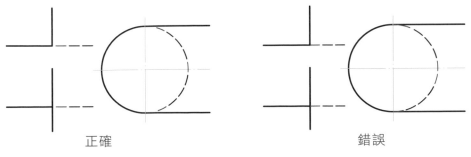

正確　　　　　　　　　　　　　錯誤

圖3.7　虛線為實線的延長

5. 如圖3.8，虛線之圓弧與直線相切時，虛線圓弧起訖點應在切點上。

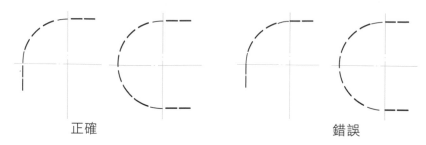

正確　　　　　　　　　　　　　錯誤

圖3.8　虛線圓弧與直線相切

6. 如圖3.9所示，兩平行虛線若相距甚近時，其線段之間隙須相互錯開，但若中間夾有中心線時則須對齊。

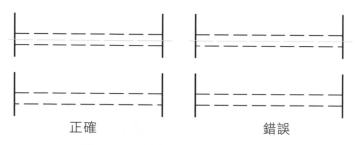

正確　　　　　　　　　　　　錯誤

圖3.9　距離相近之兩平行虛線

Chapter 4

製圖儀器

學習圖學的主要目的在於製圖與識圖，能識圖者不一定能製圖，但能製圖者通常都能識圖，可見製圖之重要。俗話說「工欲善其事，必先利其器」，因此在學習工程圖學前，必須選擇適用的製圖儀器，並學習正確的操作方法，方能提升學習效果，達到製圖的四大原則：正確、迅速、清晰、美觀。

4.1 製圖儀器

常用的製圖儀器如圖4.1所示，內容有圓規、分規、針筆(如圖4.23所示)、自動鉛筆等主要繪圖工具，件數多寡不一，使用者可依各人需求選擇。

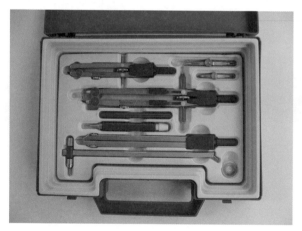

圖4.1　製圖儀器

4.2 鉛筆

製圖用具中，鉛筆是最基本的工具，鉛筆按筆心軟硬區分，等級從最硬的9H到最軟的7B，順序如圖4.2所示。表4.1 為筆心之硬度及其用途。

硬級	中級	軟級
9H.8H.7H.6H.5H.4H	3H.2H.H.F.HB.B	2B.3B.4B.5B.6B.7B

硬　←────────────────────→　軟

圖4.2　筆心軟硬等級

表4.1 筆心之硬度和用途

硬　　度	用　　　途
3H ~ 2H	中心線、剖面線、尺寸線等細線條
2H ~ H	虛線、假想線、文字
H ~ HB	外形線、割面線、文字、數字
HB ~ B	文字、圖號、符號、箭頭

　　近年來，自動鉛筆因使用方便且筆心粗細固定，已逐漸取代傳統鉛筆，如圖4.3所示。常見之自動鉛筆筆心粗細有0.3mm、0.5mm、0.7mm及0.9mm，因此可用0.3mm畫作圖線或細線，0.5mm畫中線或書寫工程字，0.7mm畫粗實線。

圖4.3 自動鉛筆

筆心之削法有三種：錐形尖、楔形尖及鑿形尖，如圖4.4所示。

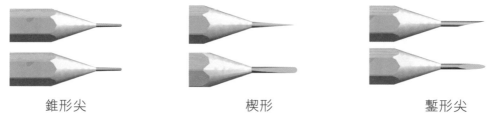

錐形尖　　　　　　　　楔形　　　　　　　　鑿形尖

圖4.4 三種筆心削法

錐形尖適用於寫字、畫線，楔形尖適用於畫線，鑿形尖適用於圓規線。

　　應用錐形尖鉛筆畫線時，如圖4.5所示，須朝運筆方向傾斜約60度，並適時旋轉筆桿，如此可避免磨粗筆心，並保持筆心尖銳，以獲得粗細一致的線條。使用鉛筆時，不宜為獲得較粗或較黑線條而用力過大，應選擇適當硬度與粗細的筆心畫線。

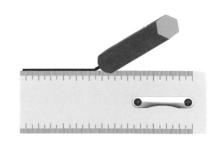

圖4.5 鉛筆畫線時朝運筆方向傾斜

4.3 丁字尺與三角板

4.3.1 丁字尺

丁字尺為畫水平線或當水平基準之工具,如圖4.6所示,丁字尺由尺身及尺頭所組成。尺身工作邊及尺頭都必須保持平直。丁字尺移動到任何位置畫水平線或當水平基準前,尺頭必須靠緊繪圖板,方能保持一致的水平。

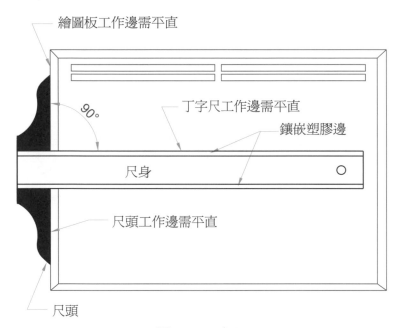

圖4.6 丁字尺

4.3.2 三角板

製圖用的三角板一組有兩塊,如圖4.7所示: 一塊為兩角皆為45度之直角三角形,另一塊為30度與60度之直角三角形,直邊有尺度刻劃,製圖最常用之三角板為300mm大小,係指45°三角板斜邊長或60°角對邊長。

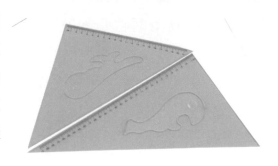

圖4.7 三角板組

三角板可單獨使用，或與丁字尺配合使用，以畫出垂直線，或30°、45°、60°的斜線等，如圖4.8所示。

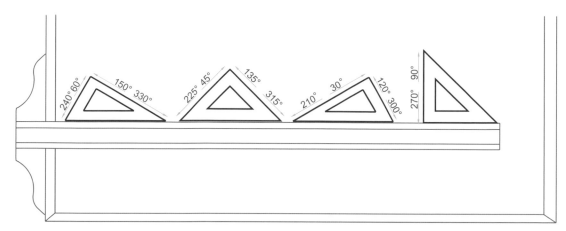

圖4.8　三角板與丁字尺配合使用

亦可合併兩塊三角板，畫出15°、75°、105°等15°倍數的斜線，如圖4.9所示。

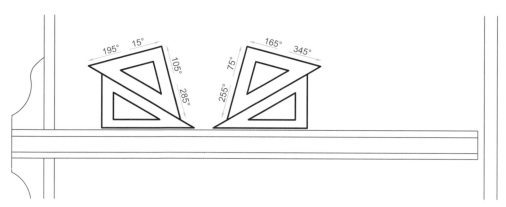

圖4.9　利用丁字尺與兩塊三角板繪任何15° 倍數斜線的方法

當畫垂直線時，如圖4.10，先將丁字尺之尺頭靠緊製圖板，以一手固定丁字尺與三角板，另一手執筆由下向上畫線，同時筆朝外及前進方向傾斜。

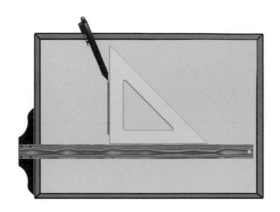

圖4.10 以丁字尺與三角板畫垂直線

 ## 4.4 圓規與分規

4.4.1 圓規

圓規是畫圓或圓弧的工具，圓規有各種不同大小，用以畫各種直徑的圓，如圖4.11所示，畫圓時須選擇適合的圓規。圓規之一腳可換裝不同接頭，用以畫鉛筆線圓或上墨線圓。

圖4.11 圓規

圖4.12 圓規兩腳保持與圖紙垂直

圓規使用前須先調整針尖，使針尖稍長於筆尖，長約為針尖刺入圖紙的深度。畫圓時，以大拇指與食指轉動規柄，並使圓規稍微朝畫線方向傾斜。畫鉛筆圖時，如粗細不足可重複畫圓，以加粗線條，但針筆圓則須一次完成。如圖4.12所示，畫大圓時，須彎曲圓規的關節，儘量使兩腳均與圖紙垂直。若要畫更大圓時，須使用延伸桿，如圖4.13所示。

圖4.13　圓規加裝延伸桿

4.4.2　分規

分規之外型與圓規相似，兩腳皆為針尖，如圖4.14所示。分規用來量測圖形尺寸以轉移到他處，或用於等分圓、線等。

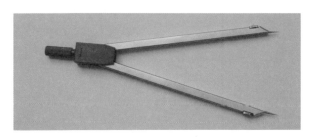

圖4.14　分規

分規量測大尺寸時，與圓規相同，須彎曲分規的關節，儘量使兩腳均與圖紙垂直。在直線或弧量取數等分時，須旋轉分規規柄順時針與逆時針交錯，逐步旋轉前進，如圖4.15所示。

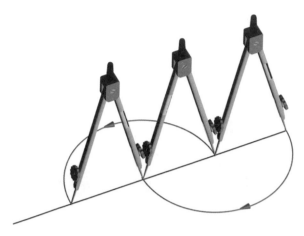

圖4.15　旋轉分規規柄順時針與逆時針交錯，逐步旋轉前進

如圖4.16所示，調整分規兩腳之距離時，可將大拇指與食指置於分規兩腳之外，中指與無名指置於兩腳內，以內側之兩指控制張開，外側之兩指控制內縮，以調整正確大小。

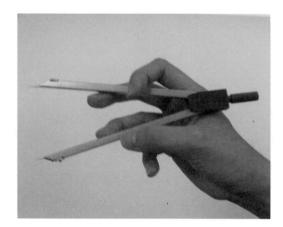

圖4.16　調整分規兩腳之距離

如圖4.17所示，以分規做三等分線段為例，先估計兩腳張開之距離約為線段長1/3，置分規一腳於線端，另一腳於線上，交錯旋轉前進，若未等分則重估距離，調整量為所差之1/3，重新量度，直至正確為止。

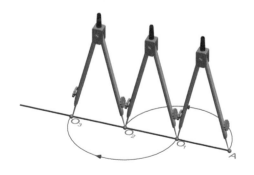
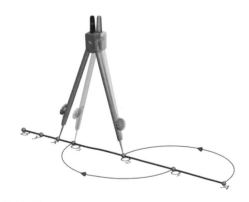

圖4.17　以分規等分線段

4.4.3 比例分規

比例分規呈X形狀，係利用相似三角形原理放大或縮小尺寸。腳規上有刻度，顯示樞紐到兩端針尖之距離比，即為其縮放比，若置樞紐於整數刻度，則比例分規即可當做等分之用。如圖4.18所示。

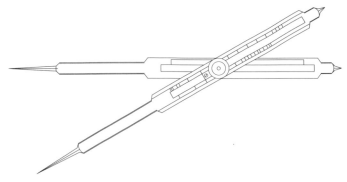

圖4.18　比例分規

4.5 曲線板與曲線規

4.5.1 曲線板

曲線板又稱雲型定規，為畫不規則曲線之規尺，目的在於將已知各點連接成不規則連續線，其曲線型式為橢圓、雙曲線、螺線形、或其他數學曲線連接而成。曲線板有單片式、三片組或多片組等多種，圖4.19所示為三片組。

圖4.19　曲線板

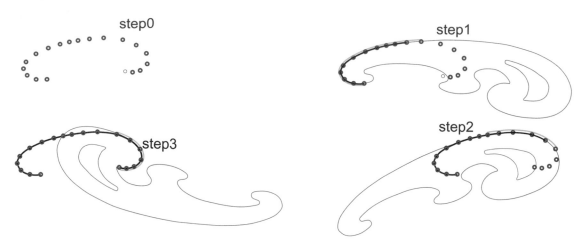

圖4.20　以曲線板繪曲線

　　如圖4.20所示，用曲線板連接各點之前，必須先嘗試找出曲線板適當的曲線段，與這些點吻合，吻合的點數越多越好，畫曲線時不可將吻合的點完全畫出，兩端應留下一小段，以便前後各段曲線接合時能順暢圓滑，即吻合的曲線段能互相重合。

4.5.2　曲線規

　　如圖4.21所示，曲線規（Adjustable Curve）是畫曲線的另一種工具，曲線規可撓曲成任意形狀，使用上較曲線板方便，但曲線規無法撓出太小的曲率半徑，因此曲線規適合於畫曲率半徑較大之不規則曲線。

圖4.21　曲線規

4.6 比例尺

　　繪製工程圖時，當圖面須以某一倍率放大或縮小繪出時，為節省換算尺度的時間，可選用對應之比例尺，直接量取比例尺之刻度繪圖。繪製工程圖以2、5及10倍數的比例較常使用，表4.2所示為常用之比例尺。

表4.2　常用之比例尺

常用比例	以2、5、10倍數的比例為常用者。
實大比例	1:1
縮小比例	1:2，1:2.5，1:4，1:5，1:20，1:50，1:100，1:200，1:500，1:1000
放大比例	2:1，5:1，10:1，20:1，50:1，100:1

　　比例尺之斷面有各種不同形狀，最常用者為三角形斷面，如圖4.22所示。三面兩邊皆刻有比例數值，共有六組，分別為1/100、1/200、1/300、1/400、1/500、1/600等六種比例尺。1/100比例尺的意義為一公尺長分為100等分，可當成1：1比例尺，1/200為一公尺長分為200等分，可當成1：2比例尺，其餘類推。

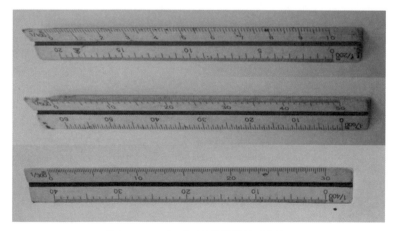

圖4.22　三角形斷面比例尺

　　其他比例尺可由此六比例尺組合產生，如欲畫4/5比例時，可用1/400的刻度量取原圖的長度值，以1/500的刻度繪出對應之數值，即得所要的比例。

4.7 針筆

如圖4.23，針筆用於畫墨線。其筆尖如針故名針筆，針筆可畫出固定粗細的線條，其粗細範圍一般是從0.1mm至1.2mm之間，配合線條粗、中、細的規格，繪圖時選用適當筆尖粗細來畫線。

使用針筆書寫或繪線條時，須儘量保持筆尖與紙面垂直，如此方可畫出正確且粗細一致的線條，及避免用直尺畫線時墨水浸入尺內。針筆不用時，須馬上套上筆蓋，以避免墨水乾涸。

圖4.23 針筆

4.8 橡皮擦與消字板

4.8.1 橡皮擦

橡皮擦可用於擦拭不必要的線條或除去紙面上的污垢。橡皮擦有兩種，一種用於擦拭鉛筆線，一種用於擦拭墨線。橡皮擦以少用為原則，擦拭後產生的屑不可用手或吹氣去除，須以清潔刷拂除，以保持圖面之整潔。

4.8.2 消字板

消字板（erasing shield）常以塑膠或鋼質薄片製成，中間有各種形狀孔洞，如圖4.24所示，使用時將空隙對準所要擦去的線條，以精確擦去不須要的線條，及保留不欲擦拭的線條。

圖4.24 消字板

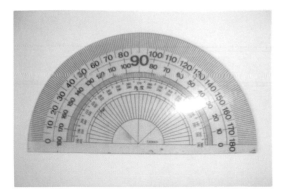

圖4.25 量角器

4.8.3 量角器

　　量角器常以塑膠薄片製成，如圖4.25所示，通常呈半圓形狀，半圓分為180個刻度，用以測量角度或作任一角度之直線。非15°倍數角度的線無法以三角板繪出，可用量角器繪出。製圖機有更精密的角度刻度，可取代量角器。

4.9 製圖板與製圖桌架

4.9.1 製圖板

　　製圖板用於安置圖紙，如圖4.26所示，通常以木材為底材，上鋪襯墊，以調整板面之硬度與彈性，有些襯墊具有磁性以吸引金屬壓條，便於固定圖紙。通常圖板兩側會加上特殊硬木或金屬鑲邊，以增加其平直度及防止變形或磨損。

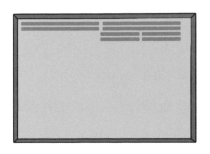

圖4.26 製圖板

4.9.2 製圖桌架

製圖桌架用於安置製圖板及製圖機，有各種不同型式。製圖桌架通常可調整其高低及板架之角度，如圖4.27為常用之型式。

圖4.27 製圖桌架

4.10 製圖機

製圖機結合了三角板、丁字尺、比例尺及量角器等多種功能。製圖機有軌道式與手臂式兩種，製圖機上有兩支互相垂直的水平及垂直比例尺，手持握把可讓製圖機輕而正確的平行移動，以畫出平行與垂直線，旋轉刻度盤可畫出任何方向的斜線或平行線。

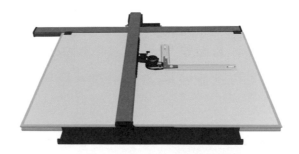

圖4.28 軌道式製圖機

》》》 軌道式製圖機 (Track type drafter)

此型式之製圖機，由直立軌與水平軌構成的機構，可作二軸平行位移，其特點為精度高，可繪製大型圖面，同時可垂直安裝在圖板上使用，如圖4.28所示。

手臂式製圖機 (Arm type drafter)

此型式之製圖機，係利用平行四邊形機構原理所構成，使繪圖尺不論移至任何位置均保持與起始位置平行，可安裝在各型桌面上，輕巧方便，如圖4.29所示。

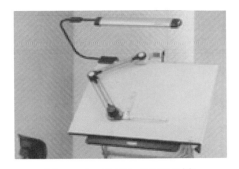

圖4.29 手臂式製圖機

4.11 模板

模板常以塑膠薄板製成，中間有各種形狀孔洞。常用之幾何圖形、機件形狀、符號等，如做成樣板，繪圖時直接依樣板描繪，不但可節省繪圖時間，也可使圖面更整潔精美。常見之模板有圓圈板、橢圓板、字規、表面符號板、公差符號板、螺帽螺釘模板及熔接符號板等，如圖4.30~4.33所示。

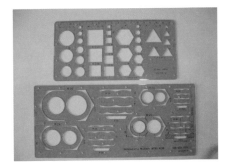

圖4.30 螺帽螺釘模板

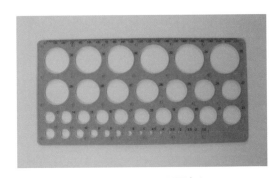

圖4.31 圓圈板

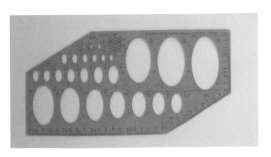

圖4.32 等角橢圓板

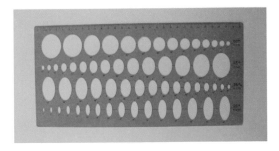

圖4.33 一般橢圓板

工 程 圖 學 Engineering Graphics

心 得 筆 記

Chapter 5

應用幾何

　　一般物體的外型基於製造的便利或美觀的因素，大都由幾何型體所構成，這些幾何形狀主要有直線、圓弧或曲線等，熟悉幾何線條的畫法是學習工程圖的基礎。以下各節將說明各種幾何圖形的繪圖步驟。

5.1 線段、角與圓弧之等分法

5.1.1 線段、圓弧二等分法

- ◆ 已知：線段（或圓弧）AB。
- ◆ 求作：試將AB二等分。
- ◆ 作法：

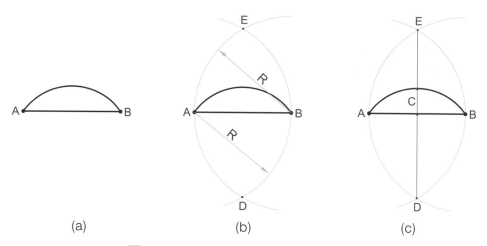

(a)　　　　　　　(b)　　　　　　　(c)

圖5.1　線段（或圓弧）之二等分法

1. 如圖5.1(b)分別以A和B兩點為圓心，大於1/2 AB或等於AB之長為半徑畫弧，兩弧交於D、E兩點。

2. 如圖5.1(c)，以三角板或直尺連接D、E兩點，與AB交於C點，C點即平分線段AB或弧AB。

5.1.2 角之二等分法

- ◆ 已知：∠ABC。
- ◆ 求作：∠ABC之二等分。

◆ 作法：

1. 如圖5.2(a)，以頂點B為圓心，任意長R為半徑作圓弧交∠ABC兩邊於 D及E。

2. 如圖5.2(b)，各以D及E為圓心，大於1/2 $\overset{\frown}{DE}$長為半徑作圓弧，兩弧相 交於F。

3. 如圖5.2(c)，連接BF即得所求。

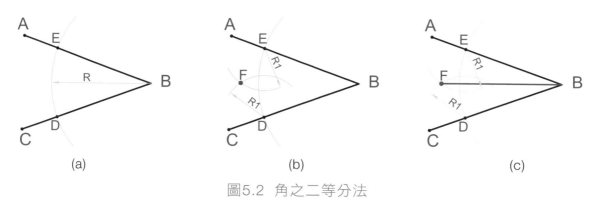

(a)　　　　　　　　　　　(b)　　　　　　　　　　(c)

圖5.2　角之二等分法

5.1.3　線段之三等分

◆ 已知：線段AB。

◆ 求作：將線段AB三等分。

◆ 作法：

1. 如圖5.3(a)，分別過直線兩端點作30°線，相交於C點。

2. 如圖5.3(b)，過C點作與AB成60°之兩線交AB於U及V兩點，U、V兩 點即線段AB之三等分點。

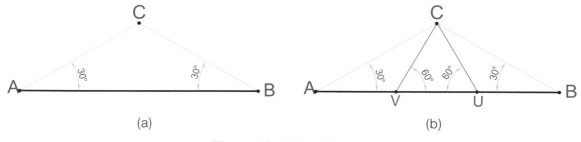

(a)　　　　　　　　　　　　　(b)

圖5.3　線段之三等分法

5.1.4 線段之任意等分

◆ 已知：線段AB。

◆ 求作：將線段AB任意等分（以五等分為例）。

◆ 作法：

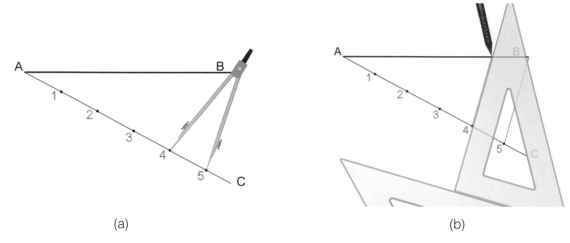

(a)   (b)

圖5.4　線段之五等分法

1. 如圖5.4(a)，過直線端點A（或B）作一斜線AC，以分規取任意距離，在斜線AC上由A點起量取五等分，得1、2、3、4、5。

2. 如圖5.4(b)，連接B5，分別過1、2、3、4作B5的平行線，與AB的交點即為等分點。

5.1.5 角之任意等分

◆ 已知：∠ABC，如圖5.5(a)。

◆ 求作：將角任意等分（以三等分為例）。

◆ 作法：

1. 如圖5.5(b)，以頂點B為圓心，任意長為半徑作圓弧，交∠ABC之兩邊於E、D，及交AB之延長線於F，以D及F為圓心，DF線段長為半徑作圓弧，兩弧相交於G，連接GE，交BF於H。

2. 如圖5.5(c)，三等分HD（其等分數與欲等分之∠ABC相同），得等分點。

3. 如圖5.5(d)，過G點作線經各等分點，並延長至與圓弧相交，過圓弧上各點與∠ABC之頂點B連接，即可將∠ABC三等分。

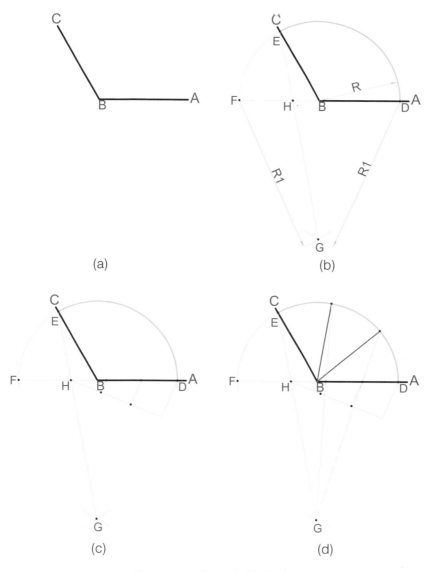

(a)   (b)

(c)   (d)

圖5.5 角之任意等分法

5.2 垂直與平行線之繪法

5.2.1 垂直線之繪法

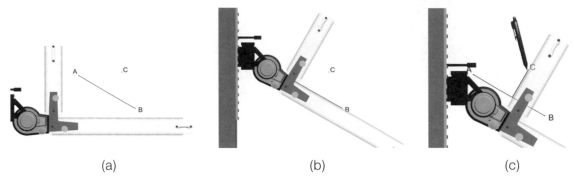

(a)　　　　　　　　　　　(b)　　　　　　　　　　　(c)

圖5.6　使用製圖機繪垂直線

　　如圖5.6(a)，已知直線AB及線外一點C，使用製圖機時，如圖5.6(b)，先鬆開角度固定桿，轉動分度盤使製圖機之水平尺與直線切齊，再旋緊角度固定桿。如圖5.6(c)，移動製圖機之垂直尺使之通過點C，沿垂直尺之邊過C繪出AB之垂直線，點C若位於AB線上，其繪法相同，若移動製圖機之水平尺通過點C，則可繪出與AB平行的直線。

　　若使用圓規與三角板則須分成三種情況：

5.2.1.1　過直線 AB 上之一點 P 作 AB 之垂直線

- ◆ 已知：直線AB及線上一點P。
- ◆ 求作：過點P作AB之垂直線。
- ◆ 作法：

　1. 如圖5.7(a)，以P為圓心，任意長為半徑作圓弧，交直線AB於C、D。

　2. 如圖5.7(b)，次各以C及D為圓心，大於二分之一CD長為半徑作圓弧，兩弧相交於E，連接PE即為所求之垂直線。

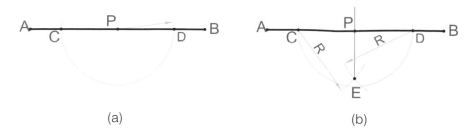

(a)　　　　　　　　　　　　(b)

圖5.7　過線上一點作直線之垂直線

5.2.1.2　過直線 AB 上之一端點 B 作 AB 之垂直線

◆ 已知：直線AB。

◆ 求作：過端點B作AB之垂直線。

◆ 作法：

可先過B點延長直線AB，其餘跟5.2.1.1方法相同，另可用下述方法求作。

1. 如圖5.8(a)，以B為圓心，任意長R為半徑作圓弧，交直線AB於C。

2. 如圖5.8(b)，次以C為圓心相同之半徑R作圓弧，交前述之圓弧於D。

3. 如圖5.5(c)，再以D為圓心相同之半徑R作圓弧，交C、D之延長線於E，連接E、B即為所求之垂直線。

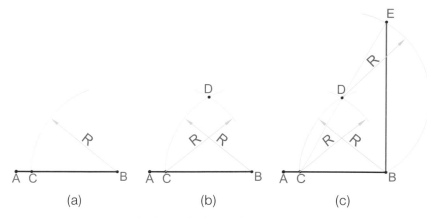

(a)　　　　　　(b)　　　　　　(c)

圖5.8　過直線AB上之一端點B作AB之垂直線

5.2.1.3　過直線外之一點 P 作 AB 之垂直線

◆ 已知：直線AB及線外一點P。

◆ 求作：過點P作AB之垂直線。

◆ 作法：

1. 如圖5.9(a)，以P為圓心，任意長為半徑作圓弧，交直線AB於C、D。

2. 如圖5.9(b)，次以C及D各為圓心，大於1/2 CD長為半徑作圓弧，兩弧相交於E。

3. 連接PE即為所求之垂直線。

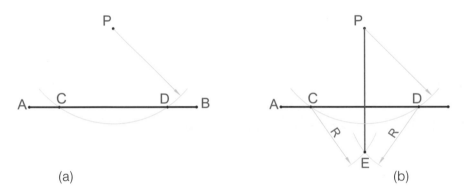

(a)　　　　　　　　　　　　　　　　(b)

圖5.9　過AB直線外一點P作AB之垂直線

5.2.2　平行線之繪法

5.2.2.1　過直線外之一點 P 作 AB 之平行線

◆ 已知：直線AB及線外一點P。

◆ 求作：過點P作AB之平行線。

◆ 作法：

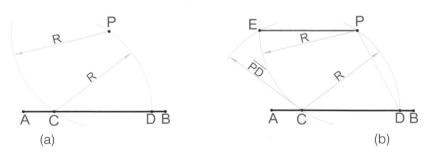

(a)　　　　　　　　　　　　　　　　(b)

圖5.10　過直線外之一點P作AB之平行線

1. 如圖5.10(a)，以P為圓心，任意長R為半徑作圓弧，交直線AB於C，以C為圓心，相同之半徑R作圓弧，交直線AB於D。

2. 如圖5.10(b)，以PD長為半徑，C為圓心作圓弧，交步驟1之圓弧於E，連接P、E即為所求之平行線。

5.2.2.2 已知距離作一直線外之平行線

◆ 已知：直線AB及距離R。

◆ 求作：求作一直線平行於AB。

◆ 作法：

1. 如圖5.11(a)，於AB上任取兩點C、D，過C、D作AB之垂線。

2. 如圖5.11(b)，次於垂線上截取E、F兩點，使CE及DF之長為距離R，連接E、F即為所求之平行線。

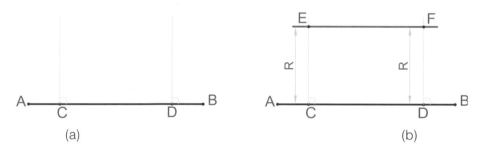

圖5.11 已知距離作AB直線之平行線

5.3 相切與切線

平面上一圓弧與直線（或一圓與圓弧）若相切，則兩者僅有一交點，此交點即為切點，該直線為圓過此切點之切線，切線之求作基於兩個幾何性質：

1. 如圖5.12(a)，一直線若與一圓相切，則切點T與圓心的連線與該直線垂直。

2. 如圖5.12(b)，兩圓若相切則切點T位於兩圓之圓心的連線上，兩圓若外切則兩圓心的距離為兩圓之半徑和。如圖5.12(c)，兩圓若內切則兩圓心的距離為兩圓之半徑差。

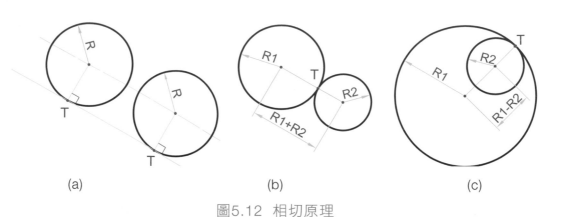

(a)　　　　　　　　　　(b)　　　　　　　　　　(c)

圖5.12　相切原理

5.3.1　過圓上一點作圓之切線

◆ 已知：圓及圓上之一點T。

◆ 求作：過T求作圓之切線。

◆ 作法：

1. 如圖5.13(a)，利用三角板，將三角板之一直邊通過圓心與T，將直尺（或另一三角板）緊靠於斜邊上並固定之。

2. 如圖5.13(b)，滑動三角板使另一直邊通過T，過T即可繪出切線。

(a)　　　　　　　　　　　　　　　　　(b)

圖5.13　過圓上一點T求作圓之切線

5.3.2　過圓外一點作圓之切線

◆ 已知：圓及圓外之一點P。

◆ 求作：過P求作圓之切線。

◆ 作法：

1. 如圖5.14(a)，移動三角板之一直邊通過P並與圓相切。

2. 如圖5.14(b)，將直尺（或另一三角板）緊靠於斜邊上並固定之，滑動三角板使另一直邊通過圓心，直邊與圓相交之點T即為切點。

3. 如圖5.14(c)，將三角板推回原位置，連接P、T即為切線，另一切點的作法相同。

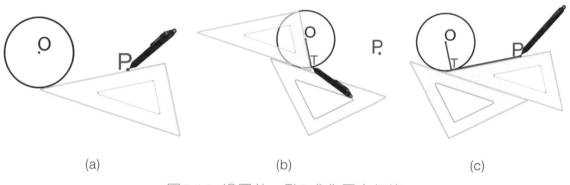

(a)   (b)   (c)

圖5.14　過圓外一點P求作圓之切線

5.3.3 作兩圓之公切線

◆ 已知：兩圓。

◆ 求作：兩圓之公切線。

◆ 作法：

1. 如圖5.15(a)，利用三角板，將三角板之一直邊與兩圓相切，將直尺（或另 二角板）緊靠於斜邊上並固定之。

2. 如圖5.15(b)，滑動三角板使另一直邊分別通過圓心O、O'，與圓相交之點T₁、T₂即為切點。

3. 如圖5.15(c)，將三角板推回原位置，連接T₁、T₂即可繪出切線。此為外公切線，內公切線之求作方法相似。

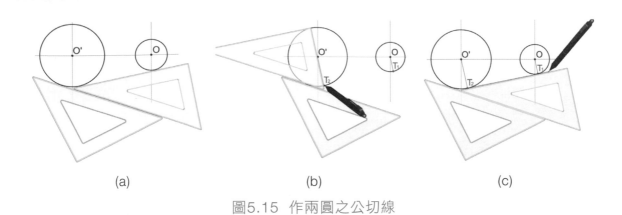

(a)   (b)   (c)

圖5.15　作兩圓之公切線

5.3.4　過已知點作已知半徑之圓弧與已知直線相切

◆ 已知：直線AB，線外一點P及半徑R。

◆ 求作：過P與直線AB相切之圓弧。

◆ 作法：

1. 如圖5.16(a)，以P為圓心R為半徑作圓弧；作與AB相距為R之平行線，交圓弧於O。

2. 如圖5.16(b)，過O向直線AB作垂線得切點T，以O為圓心R為半徑，作PT圓弧，即為所求。

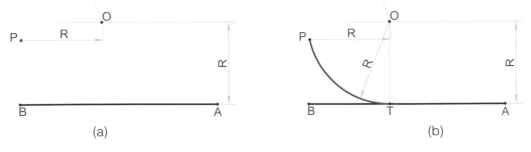

(a)   (b)

圖5.16　作過P與直線AB相切之圓弧

5.3.5　過已知點作圓弧與已知直線相切於一點

◆ 已知：直線AB上一點T與線外一點P。

◆ 求作：過P並與直線AB相切於T之圓弧。

◆ 作法：

1. 如圖5.17(a)，連接TP，作TP線段之垂直平分線。

2. 如圖5.17(b)，過T作AB之垂線，與垂直平分線相交於O。

3. 以O為圓心，OT為半徑作圓弧，即為所求。

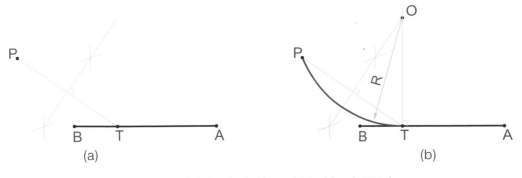

(a)　　　　　　　　　　　　　　(b)

圖5.17　作過P與直線AB相切於T之圓弧

5.3.6　畫已知半徑之圓弧與兩直線相切

》》》》兩直線垂直時

◆ 已知：圓弧之半徑R與兩垂直之直線。

◆ 求作：畫與兩垂直直線相切之圓弧。

◆ 作法：

1. 如圖5.18(a)，以直角頂點為圓心，R為半徑作圓弧，分別交兩垂直之直線於A、B。

2. 如圖5.18(b)，分別 以A、B為圓心，R為半徑作圓弧，兩圓弧相交於O點。

3. 以O點為圓心，R為半徑作弧切兩直線於A、B，即為所求。

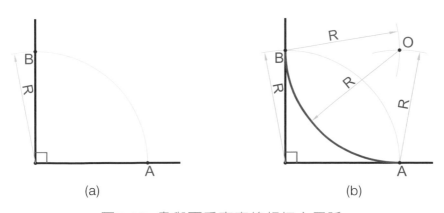

(a)　　　　　　　　　　　　　　(b)

圖5.18　畫與兩垂直直線相切之圓弧

>>>> 兩直線成任意角度時

◆ 已知：圓弧之半徑為R與AB、CD兩任意直線。

◆ 求作：畫與兩直線相切之圓弧。

◆ 作法：

1. 如圖5.19(a)，分別作與直線AB及CD距離為R之平行線，兩平行線相交於O點。

2. 如圖5.19(b)，自O分別向AB、CD作垂線，得交點U、V。

3. 以O點為圓心，R為半徑畫U到V之圓弧，即為所求。

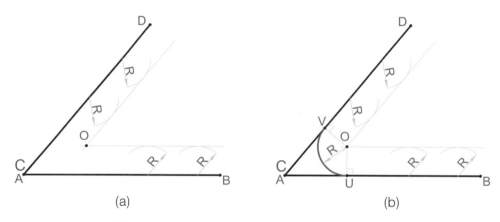

(a)　　　　　　　　　　　　　(b)

圖5.19　畫半徑為R且與兩直線相切之圓弧

5.3.7　畫已知半徑之圓弧切於一已知直線和一已知圓

◆ 已知：圓弧之半徑R，與一已知直線AB和一已知圓（其半徑假設為R_1，圓心為P）。

◆ 求作：畫圓弧與已知直線及已知圓相切。

◆ 作法：

1. 如圖5.20(a)，作與直線AB距離為R之平行線。

2. 以P為圓心，$R+R_1$為半徑作圓弧（若兩圓內切時，以R與R1之差為半徑作圓弧），與平行線相交於O點。

3. 如圖5.20(b)，自O向AB作垂線得交點T，T即為所求圓弧與直線AB之切點。

4. 連接P、O兩點，與圓之交點T₁即為兩圓弧之切點，以O點為圓心，R 為半徑畫T到T₁之圓弧，即為所求。

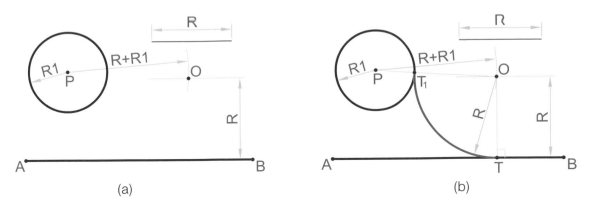

(a)　　　　　　　　　　　　　　　　　　(b)

圖5.20　畫圓弧與一已知直線和一已知圓相切

5.3.8　畫已知半徑之圓弧切於兩已知圓

◆ 已知：圓弧之半徑R與二已知圓O₁（其半徑為R₁）與O₂（其半徑為 R₂）。

◆ 求作：畫以半徑為R之弧切於兩已知圓。

◆ 作法：

1. 如圖5.21(a)，以O₁為圓心，R+R₁為半徑作圓弧，以O₂為圓心， R+R₂為半徑作圓弧，兩弧相交於O點；如為內切則以R-R₁與R-R₂ 為半徑，作圓弧相交。

2. 如圖5.21(b)，連接O、O₁與圓弧相交得切點T₁，連接O、O₂與圓弧相 交得切點T₂。

3. 以O點為圓心，R為半徑畫T₁到T₂之圓弧，即為所求。

圖5.22 為畫半徑為R之圓弧內切於兩已知圓。

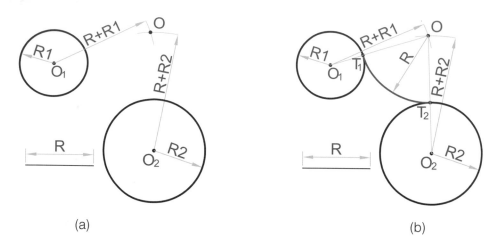

圖5.21　畫半徑為R之圓弧外切於兩已知圓

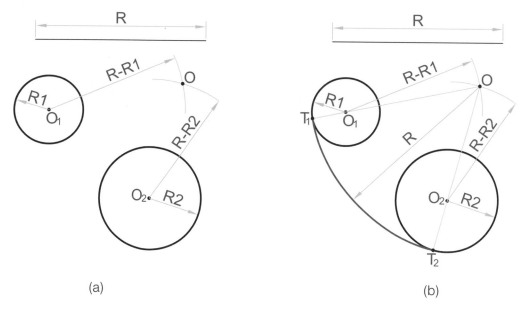

圖5.22　畫半徑為R之圓弧內切於兩已知圓

　　畫已知半徑之圓弧切於兩已知直線，或切於一已知直線和一已知圓，如使用圓圈板作圖更為方便。如圖5.23，選取給定之半徑的圓孔，移動圓圈板至圓孔與線或圓相切，即可畫出圓弧切線。

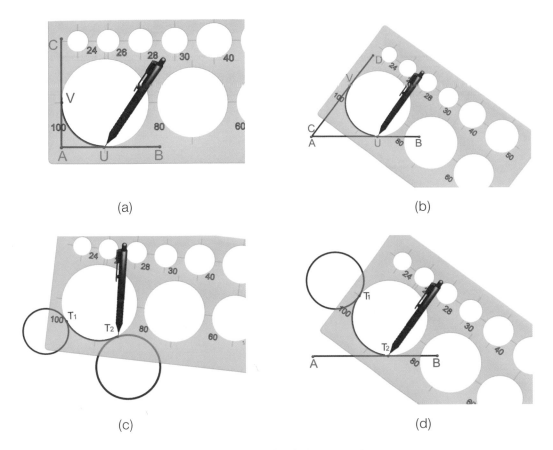

(a)

(b)

(c)

(d)

圖5.23　圓圈板畫相切圓弧

5.3.9 反向曲線

》》》》 作一反向曲線，切於已知二直線及經過已知點

◆ 已知：如圖5.24(a)，三直線AB、BC、CD，及BC上之一點P，其中直線
AB、CD互相平行。

◆ 求作：切於已知二直線於點B、C及經過P之反向曲線。

◆ 作法：

1. 如圖5.24(b)，過B作AB之垂線，與作BP之垂線平分線相交得E點，以
E為圓心，EB或EP為半徑作圓弧BP。

2. 如圖5.24(c)，過C作CD之垂線，與作PC之垂線平分線相交得F點，以
F為圓心，FC或FP為半徑作圓弧PC，圓弧BP及PC即為所求。

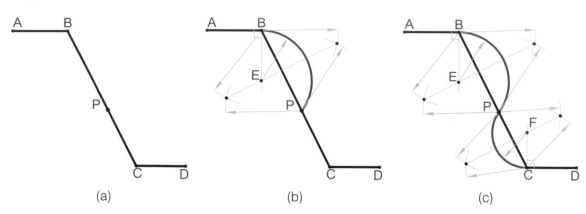

圖5.24 作反向曲線切於已知二直線及經過已知點

>>>> 作一反向曲線，切於已知三直線

◆ 已知：如圖5.25(a)，三直線AB、BC、CD，及BC上一點P為反向曲線之反曲點，其中直線AB、CD互相平行。

◆ 求作：切於已知三直線及以P為反曲點之反向曲線。

◆ 作法：

1. 如圖5.25(b)，量取BT等長於BP，過P作BC之垂線，與過T作AB之垂線相交於O_1，以O_1為圓心，PO_1為半徑作圓弧TP。

2. 如圖5.25(c)，量取CT_1等長於CP，過T_1作CD之垂線，與過P作BC之垂線相交於O_2，以O_2為圓心，PO_2為半徑作圓弧PT_1，圓弧TP與PT_1即為所求。

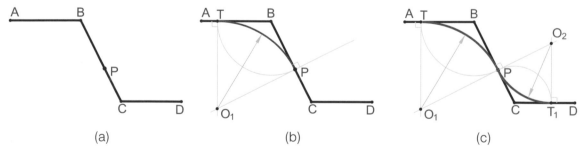

圖5.25 切於已知三直線之反向曲線

5.4 多邊形繪法

5.4.1 三角形畫法

>>>> **已知邊長作三角形**

◆ 已知：如圖5.26(a)，三邊長A、B、C。

◆ 求作：三角形。

◆ 作法：

1. 量取任一邊長（例如B）於適當位置。

2. 各以B之兩端點為圓心，A、C長為半徑作圓弧相交，B之兩端點分別與交點連接，即得所求之三角形。

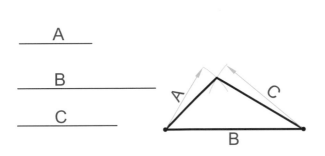
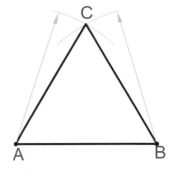

(a)已知三邊長畫三角形   (b)已知邊長AB畫等邊三角形

圖5.26 已知三角形之邊長畫三角形

>>>> **已知邊長，作等邊三角形**

◆ 已知：邊長AB。

◆ 求作：畫等邊三角形。

◆ 作法：

1. 如圖5.26(b)，分別以A、B為圓心，邊長為半徑作圓弧相交於C。

2. 連接AC、BC，即得所求之三角形。

>>>>> 已知外接圓，作等邊三角形

- ◆ 已知：外接圓直徑AB。

- ◆ 求作：等邊三角形。

- ◆ 作法：

  1. 如圖5.27，以B為圓心，外接圓半徑BO長作圓弧，交外接圓於C、D，連接AC、CD、DA，即得所求之三角形。

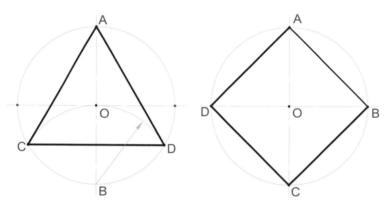

圖5.27 已知外接圓繪等邊三角形　　圖5.28 已知外接圓作正四邊形

5.4.2　四邊形畫法

>>>>> 已知外接圓，作正四邊形

- ◆ 已知：外接圓半徑。

- ◆ 求作：正四邊形。

- ◆ 作法：

  1. 如圖5.28，作外接圓兩互相垂直之直徑AC與BD，連接C、B、A、D，即得所求之正四邊形。

5.4.3　正五邊形畫法

>>>>> 已知外接圓，作正五邊形

- ◆ 已知：外接圓半徑。

- ◆ 求作：正五邊形。

◆ 作法：

1. 如圖5.29(a)，作DO之平分點得G點。

2. 如圖5.29(b)，以G為圓心，GC為半徑作圓弧，交DB於H，HC兩點之
距離即為正五邊形之邊長。

3. 如圖5.29(c)，以HC長在外接圓上截取J、K、L、M點。

4. 如圖5.29(d)，連接C、J、K、L、M即得所求之正五邊形。

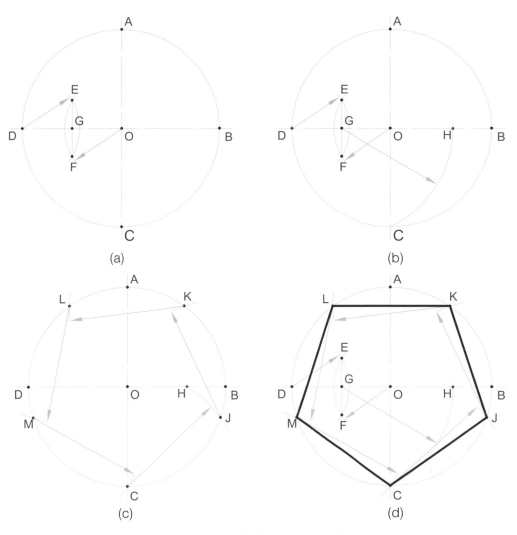

(a)　　　　　　　　　　　　(b)

(c)　　　　　　　　　　　　(d)

圖5.29 已知外接圓作正五邊形

>>>> **已知邊長，作正五邊形**

◆ 已知：邊長AB。

◆ 求作：正五邊形。

◆ 作法：

1. 如圖5.30(a)，作AB之平分點得H。

2. 如圖5.30(b)，過B作AB之垂線BD，並截取BD之長等於AB，以H為圓心，HD長為半徑劃弧，交AB延長線於C。

3. 如圖5.30(c)，以A、B為圓心，AC為半徑作圓弧，兩圓弧相交於F，F即為正五邊形之一頂點。

4. 如圖5.30(d)，以A、B為圓心，邊長AB為半徑作圓弧，分別交兩圓弧於E、G，E、G即為正五邊形之另兩頂點，連接A、E、F、G、B，即得所求之正五邊形。

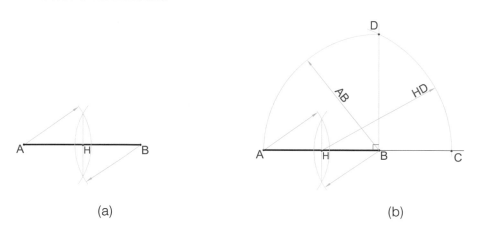

(a)　　　　　　　　　　　　　　　(b)

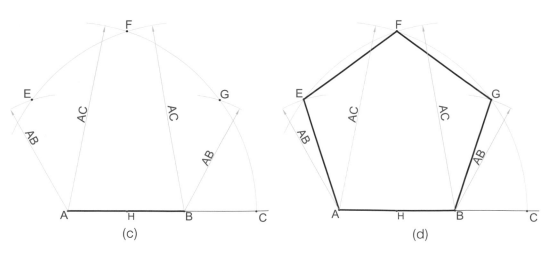

(c)　　　　　　　　　　　　　　　(d)

圖5.30 已知邊長作正五邊形

5.4.4 六邊形畫法

>>>>> **已知外接圓作正六邊形**

◆ 已知：外接圓半徑。

◆ 求作：正六邊形。

◆ 作法：

1. 如圖5.31(a)，作外接圓之直徑AC、DB，以D、B為圓心，外接圓半徑長作圓弧，交外接圓於H、E，F、G。

2. 如圖5.31(b)，依序連接E、B、F、G、D、H、E，得所求之正六邊形。

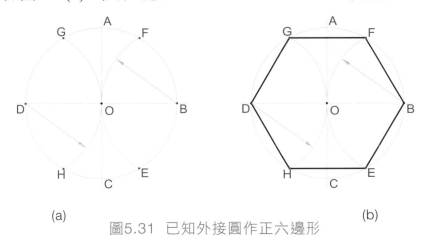

(a)   (b)

圖5.31 已知外接圓作正六邊形

>>>>> **已知內切圓，作正六邊形**

◆ 已知：內切圓半徑。

◆ 求作：正六邊形。

◆ 作法：

1. 如圖5.32，以30°及60°三角板畫圓之切線，即可畫出正六邊形，或轉動製圖機水平尺呈適當之角度，以此畫圓之切線以畫出正六邊形。

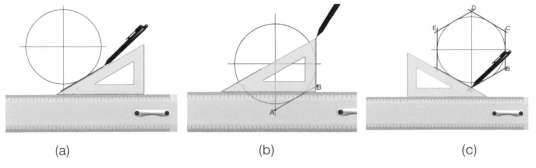

(a)   (b)   (c)

圖5.32 已知內切圓作正六邊形

5.4.5 七邊形畫法

>>>> 已知外接圓，作其內接正七邊形

◆ 已知：外接圓半徑。

◆ 求作：正七邊形。

◆ 作法：

1. 如圖5.33(a)，作圓之任一半徑OR。

2. 以R為圓心，外接圓半徑長作圓弧，交外接圓於H、G，連接H、G交圓之半徑於P，GP即為正七邊形之邊長。

3. 如圖5.33(b)，以GP為邊長在外接圓上截取A、B、C、D、E、F點，依序連接各點即得所求之正七邊形。

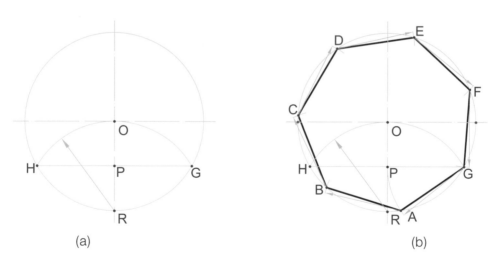

(a)　　　　　　　　　　　　　　　　　(b)

圖5.33　已知外接圓作正七邊形

>>>> 已知邊長，作正七邊形

◆ 已知：七邊形之邊長。

◆ 求作：正七邊形。

◆ 作法：

1. 如圖5.34(a)，已知一邊長AB，以A為圓心，邊長AB為半徑作半圓弧，七等份此半圓弧（此法可畫任意多邊形，若要畫9邊形，則作9等份）。

2. 如圖5.34(b)，連接A與各等分點（等分點1除外）2、3、4、5、6，並加以延長。

3. 如圖5.34(c)，以第2等分點2為圓心AB為半徑作圓弧，交等分線A3於D，以D為圓心AB為半徑作圓弧，交等分線A4於E，以此類推得F、G各頂點。

4. 如圖5.34(d)，連接各頂點，即得正七邊形。

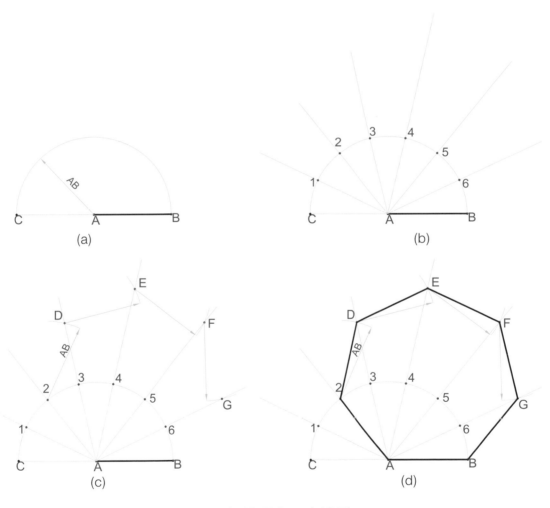

圖5.34　已知邊長作正七邊形

5.4.6 八邊形畫法

>>>>> **已知外接圓,作其內接正八邊形**

◆ 已知:外接圓半徑。

◆ 求作:正八邊形。

◆ 作法:

1. 如圖5.35,以45°三角板等分外接圓。

2. 連接圓周上各等分點即得正八邊形。

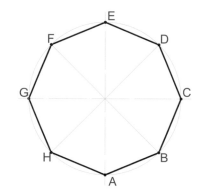

圖5.35 已知外接圓作正八邊形

>>>>> **已知內切圓,作其外接正八邊形**

◆ 已知:內切圓半徑。

◆ 求作:正八邊形。

◆ 作法:

1. 如圖5.36(a),作內切圓之外切正四邊形,連接正四邊形之對角線。以四邊形之四個頂點為圓心,對角線二分之一長為半徑畫弧,交外切正四邊形於1、2、3、4、5、6、7、8。

2. 如圖5.36(b),依序連接此八點,即得所求之正八邊形。

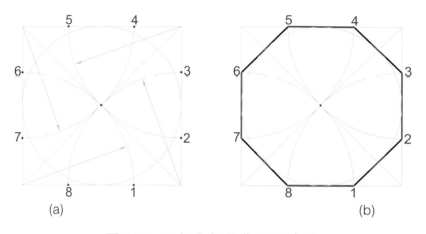

圖5.36 已知內切圓作正八邊形

5.4.7 任意邊數之正多邊長（適於6至11邊）

》》》 **已知正多邊形之邊長，求作正多邊形**

◆ 已知：正多邊形之邊長。

◆ 求作：正多邊形。

◆ 作法：

1. 如圖5.37(a)，已知一邊長AB，作AB之垂直平分線，以A、B為圓心，邊長AB為半徑作圓弧交於點6，六等分A6，得等分點1、2、3、4、5。

2. 如圖5.37(b)，以6為圓心將各等分點移轉至垂直平分線上，得7、8、9、10、11各點，6、7、8、9、10、11分別為6至11邊形外接圓之圓心。

3. 如圖5.37(c)，以各外接圓之圓心至B或A為半徑作圓，以AB為邊長截取外接圓之等分點，連接各等分點即得正多邊形，此法可繪5邊形以上之正多邊形，惟12邊形以上邊數愈多誤差愈大。

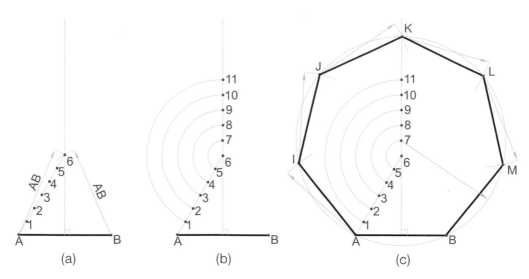

圖5.37 已知邊長畫任意邊數之多邊形（以正七邊形為例）

》》》 已知外接圓半徑，作正多邊形

◆ 已知：外接圓半徑。

◆ 求作：任意之正多邊形（以七邊形為例）。

◆ 作法：

1. 如圖5.38(a)，作外接圓直徑，七等分直徑得等分點1、2、3、4、5、6（即欲畫n邊形則作n等份）。

2. 以直徑兩端點為圓心，外接圓直徑長作圓弧交於Q，連接Q與等分點2、4、6並延長之，與外接圓相交於C、B、A。

3. 如圖5.38(b)，以直徑兩端點為圓心，外接圓直徑長作另一方向圓弧，交於R，連接R與等分點2、4、6並延長之，與外接圓相交於E、F、G。

4. 依序連接外接圓上各點即得所求之正多邊形。

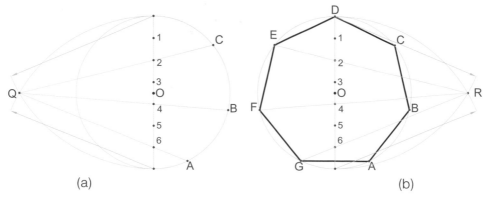

圖5.38 已知外接圓作正七邊形

5.5 圖形遷移

　　將一已知圖形複製到另一位置，稱為圖形遷移，常用之圖形遷移方法有三角形法與方盒法。

》》》 三角形法

　　此法係假想將圖形劃分成多個三角形基本圖形，再利用已知三角形之三邊長畫三角形的方法，逐次將各個三角形遷移。

　　如圖5.39之ABCDFE多邊形，欲遷移至新位置。

◆ 作法：

1. 移動FE至新位置，作多邊形之基軸。

2. 以E為圓心，EA長作圓弧，與以F為圓心，FA長作圓弧交於新點A，連接AE。

3. 以F為圓心，FB長作圓弧，與以A為圓心，AB長作圓弧交於新點B，連接AB。

4. 以B為圓心，BC長作圓弧，與以F為圓心，FC長作圓弧交於新點C，連接CB。

5. 以C為圓心，CD長作圓弧，與以F為圓心，FD長作圓弧交於新點D，連接CD、DF即得多邊形。

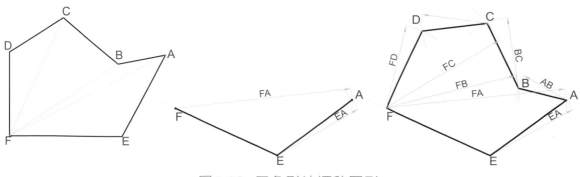

圖5.39 三角形法遷移圖形

》》》 方盒法

此法又稱支距法,係利用在圖形上繪出一方盒,定出圖形上各點相對於方盒邊線或頂點的位置,將其遷移至對應新方盒上之位置。

如圖5.40曲線之遷移,加一能包住曲線之矩形,將矩形遷移至新位置,曲線上取適當之點,將各點之支距移測至新位置,以曲線連接各點即為所求。

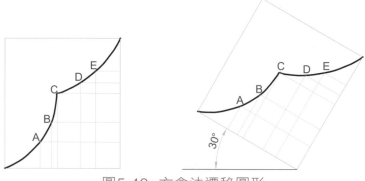

圖5.40 方盒法遷移圖形

5.6 圓弧之展開

欲求圓弧展平的長度,可用計算求得,弧長=直徑× π ×圓弧角度/ 360,亦可用作圖法求得。當圓弧之角度越小時,其弦長與圓弧長越接近,因此可將圓弧適度等分,用分規量取相同等分數的弦長到直線,以得展平的長度,如圖5.41,線段AE為圓弧展平的近似長度。

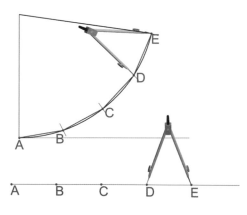

圖5.41 圓弧之展平

如圖5.42(a),當圓弧角度不大亦可依下列步驟求其近似長:

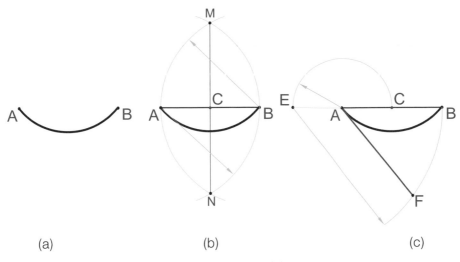

(a)　　　　　　　　(b)　　　　　　　　(c)

圖5.42　小角度圓弧之展開

1. 如圖5.42(b)，作弦AB並求其中點得C點。

2. 如圖5.42(c)，以AC長畫弧交弦之延長線於E，以E為圓心，EB長為半徑畫弧，與過A點之圓弧切線交於F，AF即為圓弧近似長。

已知直線，欲繞成半徑為R之圓弧，可依下列步驟求其近似圓弧長(此法適用於小角度圓弧)：

1. 如圖5.43之直線AB，作半徑為R之圓弧與直線相切於A點。

2. 四等分AB，以1/4等分點C為圓心，BC長為半徑畫弧，交圓弧於F，圓弧AF即為所求。

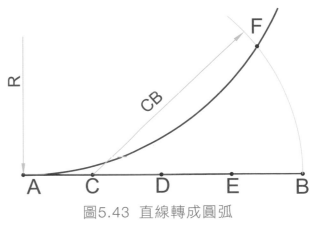

圖5.43　直線轉成圓弧

5.7 圓錐曲線

圓錐曲線為圓錐體以任一平面切割所形成之斷面形狀，切割位置不同則形成不同曲線，如圖5.44、5.45，有圓、橢圓、拋物線、雙曲線等四種曲線及等腰三角形，茲說明其產生的由來如下：

1. 圓：切割平面與圓錐中心軸垂直。

2. 橢圓：切割平面與圓錐中心軸呈傾斜，且角度大於中心軸與元線之夾角。

3. 拋物線：切割平面與圓錐中心軸夾角等於中心軸與元線之夾角。

4. 雙曲線：切割平面與圓錐中心軸之夾角小於軸與元(素)線之夾角或切割平面與圓錐中心軸平行。

5. 等腰三角形：切割平面通過圓錐頂點，且角度小於中心軸與元線之夾角。

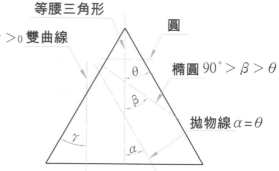

圖5.44 割面位置與圓錐曲線之關係

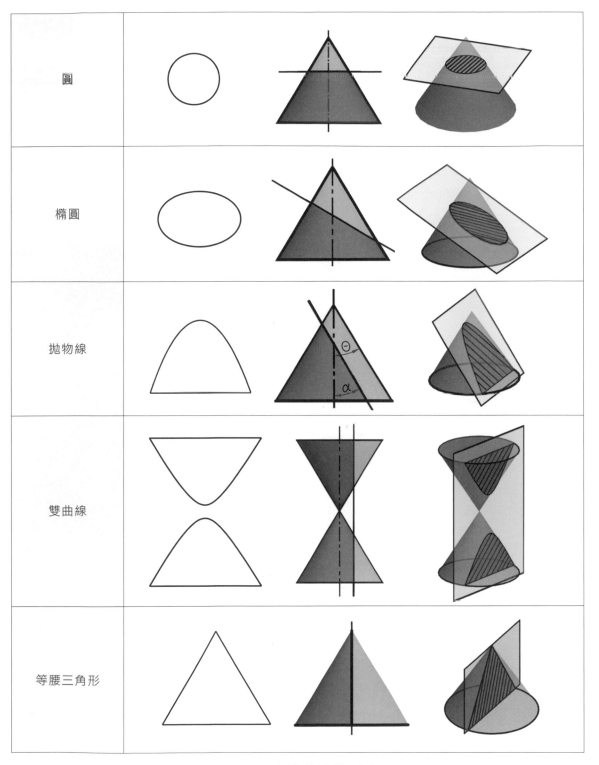

圖5.45 圓錐曲線的形成

5.7.1 圓

>>>> 作一圓通過不在同一直線上之三點

◆ 已知：A、B、C三點。

◆ 求作：通過A、B、C三點的圓。

◆ 作法：

1. 如圖5.46(a)，連接AB與BC線段。

2. 如圖5.46(b)，分別作AB、BC線段之垂直平分線，得兩垂直平分線之交點O，O即為所求圓心，以O為圓心，OA（或OB，或OC）為半徑畫圓，即為所求。

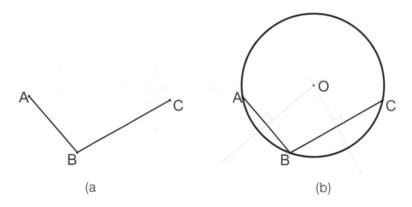

(a)   (b)

圖5.46　作通過A、B、C三點的圓

5.7.2 橢圓

　　橢圓之數學方程式為 $\dfrac{x^2}{a^2} + \dfrac{y^2}{b^2} = 1$ ，如圖5.47(a)，橢圓有一長軸AB與一短軸CD，長軸與短軸皆穿過中心且於橢圓之圓心互相垂直平分，長軸上有一對焦點E、F，橢圓上任一點（如P）到兩焦點距離之和皆相等。因此橢圓曲線可視為平面上一動點與兩定點（即橢圓之兩焦點）距離之和為定值，該動點之軌跡即為一橢圓曲線，如圖5.47(b)，以短軸之一端點為圓心，以二分之一長軸為半徑畫弧，與長軸之交點即為橢圓之焦點。

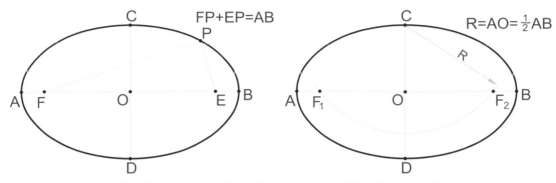

a.橢圓任一點到兩焦點之距離和為定值　　　b.橢圓長軸、短軸與焦點之關係

圖5.47　橢圓原理

　　橢圓之兩直徑若具有下列性質，則稱此為一對共軛軸：一直徑平行於過另一直徑端點之橢圓切線，如圖5.48所示，AB與CD即為一對共軛軸。

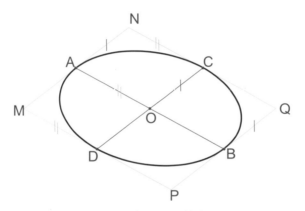

圖5.48　橢圓之共軛軸

》》》 焦點法畫橢圓曲線

◆ 已知：橢圓之長軸與短軸。

◆ 求作：橢圓曲線。

◆ 作法：

1. 如圖5.49(a)，已知長軸AB與短軸CD，其交點O為橢圓之圓心，E、F為橢圓之兩焦點。過OE兩點間取任意數點：1、2、3各點，以E為圓心，A1長為半徑畫弧，與以F為圓心B1長為半徑畫弧得交點G、H，即為橢圓上的點。

2. 如圖5.49(b)，同理可繪出I、J…R其他各點，最後以曲線板連接各點即為所求。

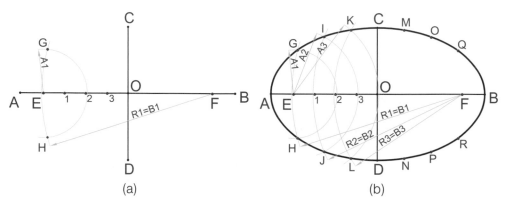

(a)   (b)

圖5.49 焦點法畫橢圓

》》》 同心圓法畫橢圓

◆ 已知：橢圓之長軸與短軸。

◆ 求作：橢圓曲線。

◆ 作法：

1. 如圖5.50，已知1/2的長軸AB與1/2的短軸CD，O為橢圓之圓心，以O點為圓心，分別以AB與CD為半徑畫圓。

2. 將兩同心圓作相同之等分（例如皆16等分）。

3. 過等分線L_2與大圓之交點E作垂直線，與小圓之交點F作水平線，兩線之交點2即為橢圓上的點，同法求其他等分線之交點。

4. 最後以曲線板連接各點即為所求。

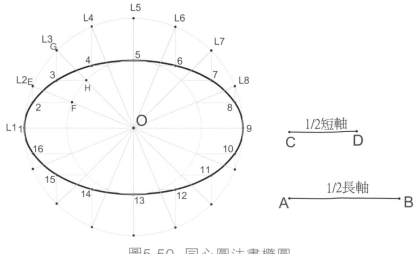

圖5.50 同心圓法畫橢圓

>>>>> 四心法畫橢圓（近似畫法）

◆ 已知：橢圓之長軸與短軸。

◆ 求作：橢圓曲線。

◆ 作法：

1. 如圖5.51(a)，已知長軸BD與短軸AC，兩者交點O為橢圓之圓心。以O點為圓心OB為半徑畫弧，交AC之延長線於B'，以C點為圓心CB'為半徑畫弧，交BC於E。

2. 作BE之垂直平分線交BD於F，交AC延長線於G。

3. 如圖5.51(b)，取OF'等於OF，OG'等於OG，F、F'、G、G'即為四圓心畫法之四個圓心。

4. 分別以F、F'、G、G'為圓心，以FB、F'D、GC、G'A為半徑畫弧，四圓弧各相切於各圓心連線GF'、G'F'、G'F、GF之延長線上之1、2、3、4等點。

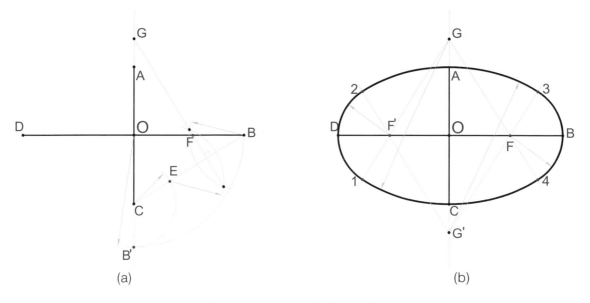

圖5.51　四心法繪橢圓曲線

>>>>> 平行四邊形法畫橢圓

◆ 已知：橢圓之長短軸或共軛軸。

◆ 求作：橢圓曲線。

◆ 作法：

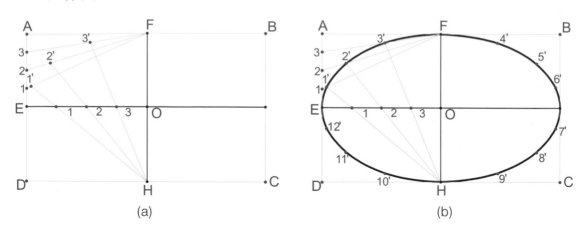

(a)　　　　　　　　　　　　　　　(b)

圖5.52　平行四邊形法畫橢圓

1. 如圖5.52(a)，畫分別平行於長短軸或共軛軸之平行四邊形，將OE與EA任意分成同數量之等份，兩邊之等分點皆由E點開始依序編號。

2. 連接H與OE之各等分點，連接F與EA之各等分點，延長各對應連線之交點即為橢圓上的點。

3. 如圖5.52(b)，同理求出其他各點，以曲線板連接各點，即為所求。

5.7.3　拋物線及其繪法

　　平面上一動點與一固定點（焦點）之距離恆等於與一直線（準線）之距離，該動點所衍生之軌跡即為拋物線，探照燈之燈罩即為由拋物線所構成之曲面。當拋物線之頂點在直角座標之原點上，焦點在X軸時，數學方程式為 $y^2 = 2hx$，h為焦點到準線之距離。

》》》 平行四邊形法繪拋物線

◆ 已知：拋物線之外圍矩形。

◆ 求作：拋物線。

◆ 作法：

1. 如圖5.53，將OA與AB作同數量之等份（如4等份），並標註各等分點。

2. 分別連接O與AB上之各等分點，過OA上之各等分點作ON之平行線，各對應線之交點即為拋物線上的點。

3. 以曲線板連接各點，即為所求拋物線。

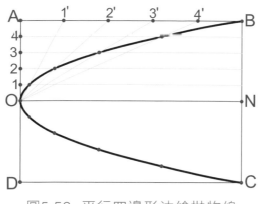

圖5.53 平行四邊形法繪拋物線

>>>> 支距法繪拋物線

◆ 已知：拋物線之外圍矩形。

◆ 求作；拋物線。

◆ 作法：

1. 如圖5.54，作AB之等分數為OA之等分數的平方（如OA作5等份，AB作25等份），並標註各等分點。

2. 過OA上之各等分點作ON之平行線，過AB上之各等分點作ON之垂線，各對應線之交點（例如OA之1、2、3、4對應AB之1、4、9、16）即為曲線上的點。

3. 以曲線板連接各點，即為所求拋物線。

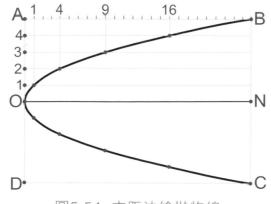

圖5.54 支距法繪拋物線

>>>>> 包絡線（parabolic envelope）法繪拋物線

◆ 已知：包絡線之兩軸。

◆ 求作：拋物線。

◆ 作法：

1. 如圖5.55，將OA與OB作同數量之等分（如8等份），並作如圖之標號。

2. 分別連接OA與OB上之各相同之標號。

3. 以曲線板作與各線段相切之曲線，即為所求拋物線。

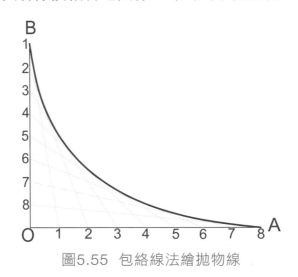

圖5.55 包絡線法繪拋物線

5.7.4 雙曲線

平面上一動點與兩固定點（焦點）距離之差恆為一常數，該動點所衍生之軌跡即為雙曲線，雙曲線有一對漸近線，數學方程式為 $\dfrac{x^2}{a^2} - \dfrac{y^2}{b^2} = 1$。

>>>>> 焦點法繪雙曲線

◆ 已知：雙曲線之焦點與頂點。

◆ 求作：雙曲線。

◆ 作法：

1. 如圖5.56，已知焦點F_1、F_2及兩頂點A、B，於中心軸上取任意數點1、
   2、3···，以點2為例，分別以焦點F_1、F_2為圓心，如圖以$\overline{A2}$及$\overline{B2}$為半徑

畫弧相交，同理可繪出其他各等分點對應之交點，最後以曲線板連接各點即為所求。

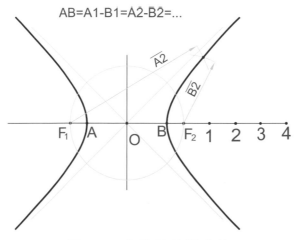

圖5.56　焦點法繪雙曲線

5.8　擺線與其畫法

當一圓沿一直線或圓弧滾動時，圓上一點的軌跡稱之為擺線。當沿直線滾動時所產生的軌跡稱之為正擺線，沿一圓周內側滾動時所產生的軌跡稱之為內擺線；沿一圓周外側滾動時所產生的軌跡稱之為外擺線。

5.8.1　畫正擺線

◆ 已知：一滾動圓。

◆ 求作：正擺線。

◆ 作法：

1. 如圖5.57(a)，將滾動圓分成適當之等分，畫滾動圓之切線，將各等分之弧長展開於切線上。

2. 過圓心O作水平線，與過切線上各等分點作垂線相交，得交點1、2、3…，表示滾動圓之圓心的不同位置。

3. 如圖5.57(b)，以1為圓心，滾動圓之半徑長畫圓，與過滾動圓對應之等分點A作水平線，兩者之交點即為曲線上的點。

4. 同理求出其他各點，最後以曲線板連接各點即為所求。

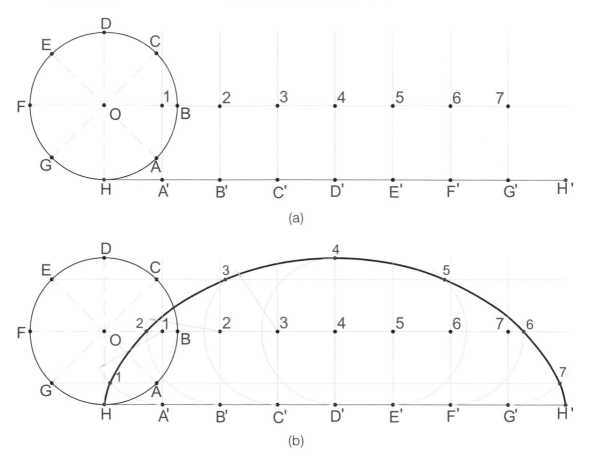

(a)

(b)

圖5.57 正擺線

5.8.2 畫內外擺線

◆ 已知：一滾動圓及其基圓。

◆ 求作：內、外擺線。

◆ 作法：

1. 如圖5.58(a)，將滾動圓分成適當之等分，將各等分之弧長展開於基圓上。

2. 以O'為圓心，OO'為半徑畫圓弧。連接O'與基圓上各等分點，得交點1、2、3…，表示滾動圓之圓心的不同位置。

3. 如圖5.58(b)，以1為圓心，滾動圓之半徑長畫圓弧，及以O'為圓心O'到滾動圓對應之等分點的距離畫圓，兩者之交點A即為曲線上的點。

4. 同理求出其他各點，最後以曲線板連接各點即為所求。

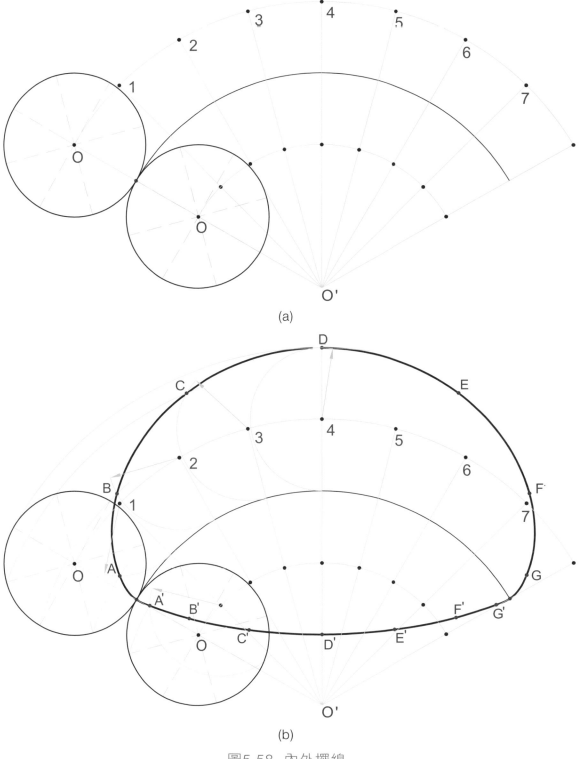

(a)

(b)

圖5.58 內外擺線

5.9 漸開線

漸開線可視為一繩索緊繞於一幾何圖形（圓或多邊形），當旋轉開時，其一端點所衍生之軌跡。漸開線常應用於齒輪之齒線。

5.9.1 多邊形漸開線畫法

各種多邊形漸開線之畫法皆相同，其作法如下：

1. 如圖5.59，以頂點A為圓心，邊長AE為半徑畫圓弧，由E點畫至與AB之延長線相交於1。

2. 次以頂點B為圓心，B1為半徑畫圓弧，由1點畫至與BC之延長線相交於2。

3. 同理求出其他各段之圓弧。

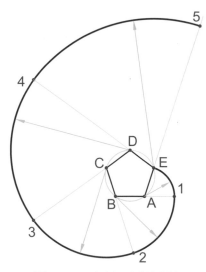

圖5.59 多邊形漸開線

5.9.2 圓之漸開線畫法

圓之漸開線畫法如下：

1. 如圖5.60，將圓作適當之等分（如12等份），將圓周長展開於過A點之切線上。

2. 過各等分點作圓之切線。

3. 過等分點11之切線截取一等份之弧長得交點A，A即為曲線上的點。

4. 過等分點10之切線截取二等份之弧長得交點B，B即為曲線上的點。

5. 同理求出其他各點，最後以曲線板連接各點即為所求。

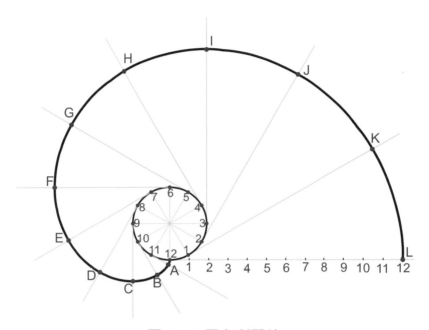

圖5.60　圓之漸開線

5.10 螺旋線

　　當一動點沿一動直線作等速運動，同時該動直線繞一中心軸作等速旋轉，則此動點所衍生之軌跡即為螺旋線。若動直線與中心軸垂直，則此動點所衍生之軌跡即為阿基米德螺旋線。若動直線與中心軸平行，即點之移動軌跡為在一柱面旋轉前進，所衍生之軌跡即柱面螺旋線，若動直線與中心軸呈一固定斜角，則產生錐面螺旋線。阿基米德螺旋線為平面曲線，其他則為空間曲線。

5.10.1 阿基米德螺旋線作法

- ◆ 已知：一圓。

- ◆ 求作：阿基米德螺旋線。

- ◆ 作法：

  1. 如圖5.61，將圓作適當之等分（如8等份），將圓半徑亦作相同之等分。

  2. 以圓心與等分點1之距離為半徑畫弧與等分線A相交，所得交點即為曲線上的點。

  3. 次以圓心與等分點2之距離為半徑畫弧與等分線B相交，所得交點即為曲線上的點。

  4. 同理求出其他各點，最後以曲線板連接各點即為所求。

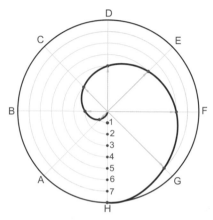

圖5.61 阿基米德螺旋線

5.10.2 柱面螺旋線

當一動點沿直線作等速運動，同時該直線繞一中心軸作等速旋轉，則此動點所衍生之軌跡即為柱面螺旋線。直線旋轉一周時，動點在直線上前進的距離稱之為導程。若將此柱面展開，柱面螺旋線呈一直線，此直線與底邊之夾角稱之為螺旋角或導程角。如圖5.62之三角形，其垂直邊長即為導程，其水平邊長即為周長。

》》》柱面螺旋線畫法

- ◆ 已知：圓柱體之半徑與柱面螺旋線之導程。

- ◆ 求作：柱面螺旋線。

- ◆ 作法：

1. 如圖5.62，將圓及導程作相同之等分（如12等份），並標註各等分點。

2. 當動直線繞中心軸轉1/12圈時，動點即前進1/12導程，因此過圓之等分點2作垂線，與過導程之等分點2作水平線之交點，即為曲線上的點。

3. 同理求出其他各點，最後以曲線板連接各點，即為所求柱面螺旋線。

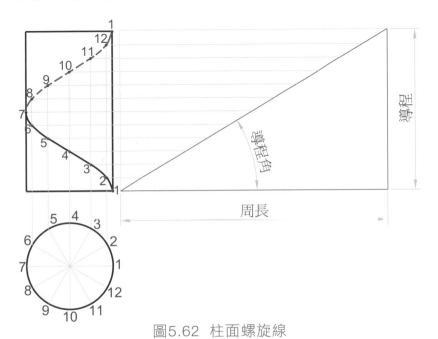

圖5.62　柱面螺旋線

5.10.3 錐面螺旋線畫法

◆ 已知：圓錐之大小與導程。

◆ 求作：錐面螺旋線。

1. 如圖5.63，將圓及導程作相同之等分（如12等份），並標註各等分點。

2. 當動直線繞中心軸轉1/12圈時，動點即前進1/12導程，過導程之等分點2作水平線與圓錐相交，交點與中心軸之距離對應至俯視圖，以該距離為半徑，圓錐頂點為圓心畫弧與第2等分線相交，將該交點對應至前視圖與水平線相交，即為曲線上的點。

3. 同理求出其他各等分點對應之交點，最後以曲線板連接各點即為所求。

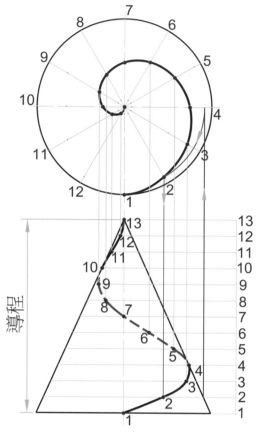

圖5.63　錐面螺旋線

本章習題

1. 以適當比例繪下列各圖形。

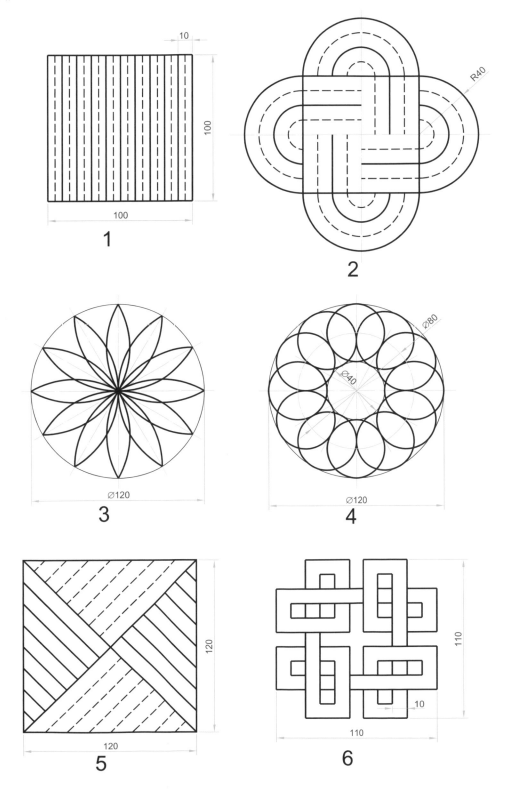

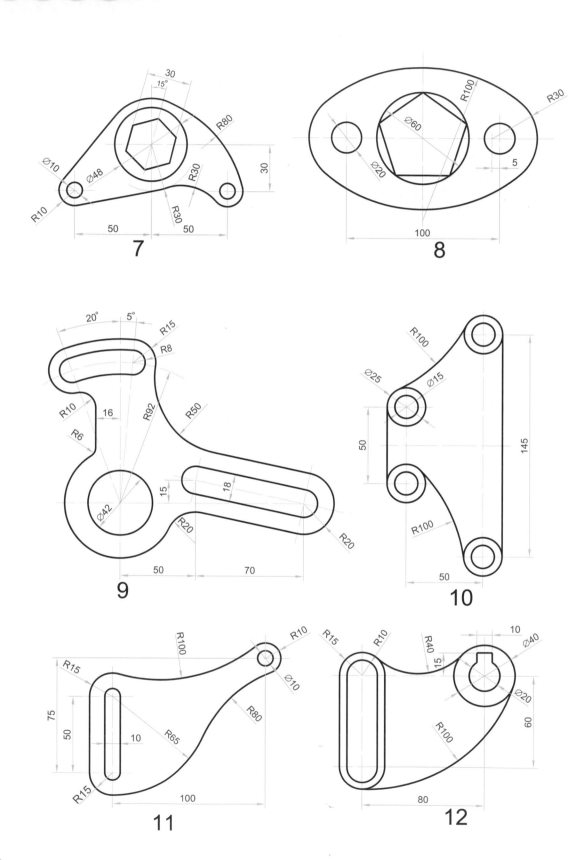

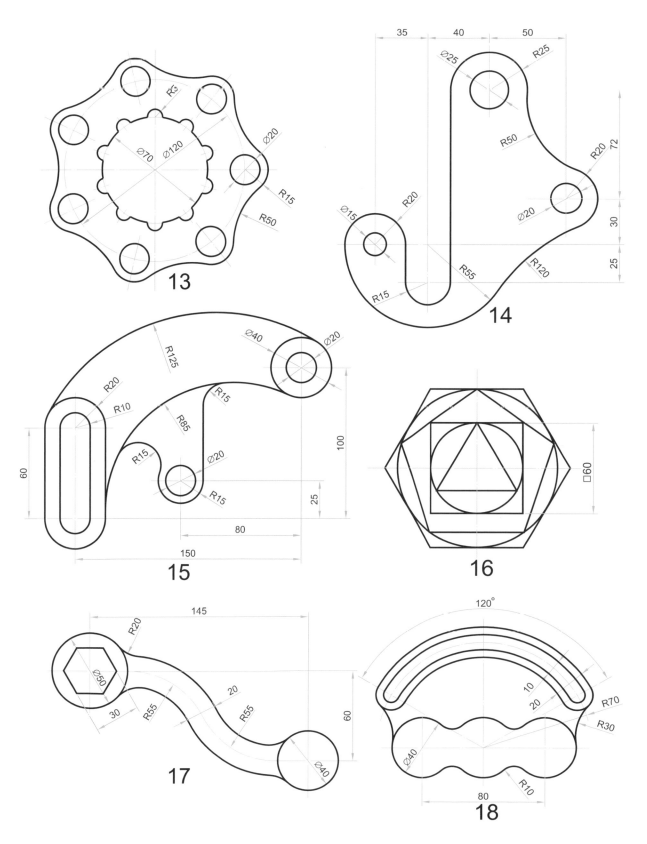

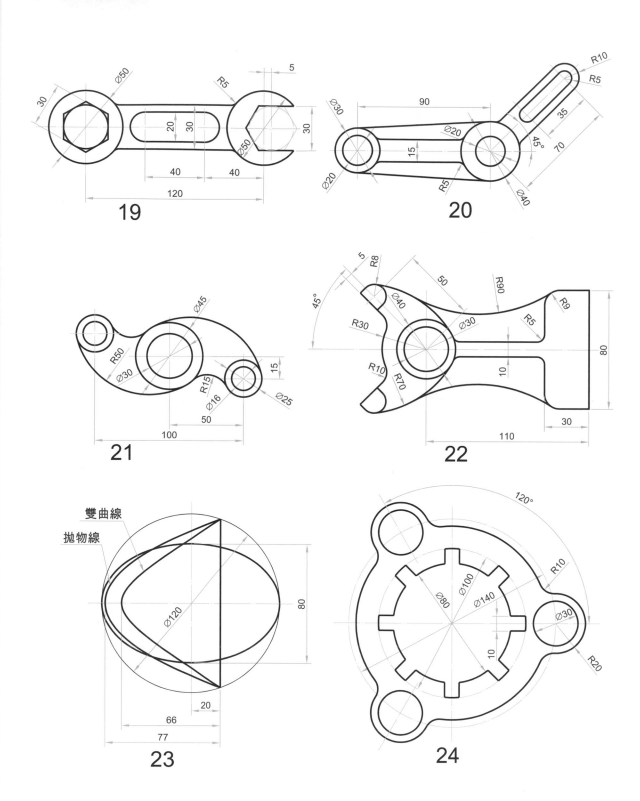

Chapter *6*

基本投影幾何學

6.1 投影幾何學

　　投影幾何學為十八世紀法國數學家兼軍事工程師孟奇（Gaspard Monge）所創，是一門闡述投影原理的科學，主要為應用投影原理，探討如何在2D平面圖上表達空間物體的形狀、大小及其相互間的關係。投影原理提供了繪製與閱讀工程圖的理論基礎，因此研習工程圖者須熟悉投影幾何學，以奠定工程圖學的基礎。

6.2 投影之基本觀念

　　所謂投影，即是利用一假想的透明平面（稱之為投影面），置於物體與觀察者之間，或放置於物體的後方，以設定的投影方法，將此物體各部分的輪廓，用點投影投射到此假想平面上，用線條將投影面上之各點連接而成之圖形，稱為該物體在假想平面上的投影。燈光照射可視為投影的一個例子，當燈光照射在物體時，即會將物體之形狀投射到地面上或牆壁上，人看景物時眼睛內所呈現物體的影像或用相機拍攝景物皆是投影的一種。影響投影的因素如下：

1. 視點SP（Sight Point）：為光源或觀察者眼睛所在位置。

2. 視線（Line of Sight）：視點與物體之間的連線。

3. 投影線PL（Projection Lines）：視點、物體與投影面之間的連線，或相當於投射的光線。

4. 投影面PP（Projection Plane）：呈現投影圖（視圖）之平面。圖6.1所示為各因素之間的關係。

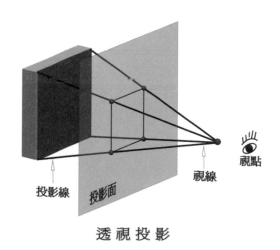

透視投影

圖6.1 投影原理

投影原理分為平行投影(parallel projection)與透視投影(perspective projection)兩大類，茲分述如下：

1. 平行投影：平行投影乃假想觀察者站在無窮遠處看物體，由觀察者的眼睛至物體上各點的連線（即視線）彼此互相平行，如此在投影面上所呈現此物體外型的投影，謂之平行投影，如圖6.2所示。

2. 透視投影：透視投影係指當觀察者站在有限的距離內看物體，故視線交於一點，即觀察者之視點（眼睛），因此其投影線互不平行，所得投影的圖形，其大小會隨觀察者、畫面或物體三者之間距離不同而變，如圖6.3所示。

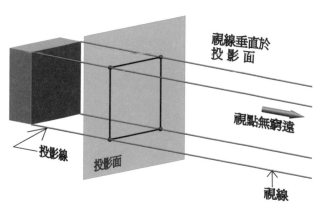

圖6.2 平行投影

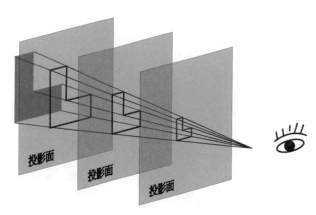

圖6.3 透視投影

在平行投影中，依投影線是否垂直投影面又可分為下列兩種：

1. 斜投影：投影線彼此平行但不垂直於投影面，如圖6.4所示。

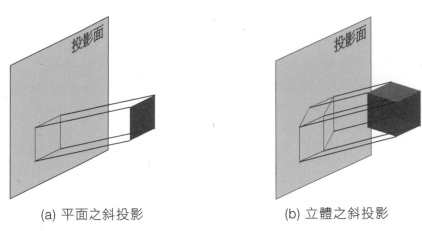

(a) 平面之斜投影　　　　　　　(b) 立體之斜投影

圖6.4 斜投影

2. 正投影：投影線彼此平行且垂直於投影面，如圖6.5所示。

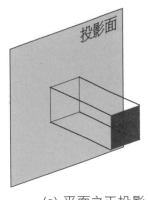
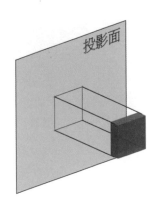

(a) 平面之正投影　　　　　　　(b) 立體之正投影

圖6.5 正投影

斜投影與透視投影的視圖，均能呈現出物體的立體效果，但斜投影的投影方向與投影面偏斜，因此其視圖形狀的失真較大。透視投影的視圖，雖與人眼睛觀察的形狀相似，但受觀察位置的影響，外型尺寸非固定，無法直接量度，兩者適於描繪物體形狀供非專業人員參讀，但繪圖繁瑣且費時。若改用正投影法則，即可改善上述缺點，因此，工程上較常使用正投影方法來描繪物體的形體。

6.3 空間象限之區分

接受投影的平面稱之為投影面，在工程圖中常用兩個或更多個投影面作投影，以表達物體的形狀。一般最常用三個互相垂直相交的投影面，如圖6.6所示，其一置於水平方位，稱之為水平投影面（Horizontal plane of projection，HP）或H面，其一置於垂直方位，稱之為直立投影面（Vertical plane of projection，VP）或V面，另一置於與前兩者皆垂直之位置的投影面，稱之為側投影面（Profile plane of projection，PP）或P面。若將投影面視為可無限擴張的平面，則直立投影面與水平投影面將空間分割成四個象限：

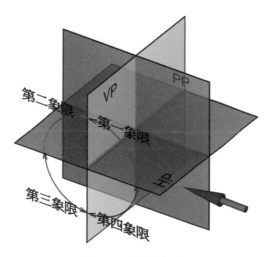

圖6.6 空間象限

象限	範圍
第一象限	水平投影面(HP)的上方與直立投影面(VP)前方的交集區域
第二象限	水平投影面(HP)的上方與直立投影面(VP)後方的交集區域
第三象限	水平投影面(HP)的下方與直立投影面(VP)後方的交集區域
第四象限	水平投影面(HP)的下方與直立投影面(VP)前方的交集區域

V面與H面的交線稱之為基線（Ground line，GL），P面與V面或H面的交線稱之為副基線，簡稱GL1。物體投影完成之後，將水平投影面以基線為軸旋轉，使之與直立投影面共平面，即直立投影面前方的部份向前下方旋轉，直立投影面後方的部份則向後上方旋轉。

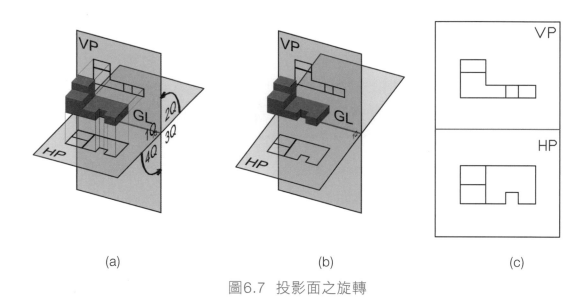

(a)   (b)   (c)

圖6.7　投影面之旋轉

旋轉水平投影面與直立投影面重合後，即可於平面圖紙繪出各投影圖，如圖6.7(c)所示，即為物體在水平投影面與直立投影面之兩視圖，於一張平面圖紙上同時呈現從兩個不同方向投影的形狀及其相對位置。學習投影幾何時，為了了解各視圖之相對關係，常將基線及投影線以細實線繪出，惟為了醒目，本書以較粗且不同色彩繪基線及副基線。

理論上物體可置於任意象限作投影，但物體如置於第二、四象限，旋轉水平投影後，如圖6.8將會產生視圖重疊的現象，故工程圖所用之投影僅限於將物體置於第一或第三象限。

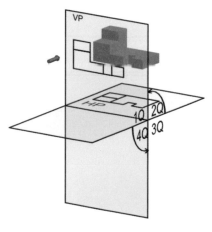 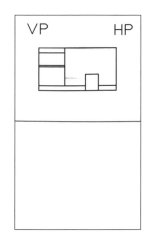

(a) 物體置於第二象限

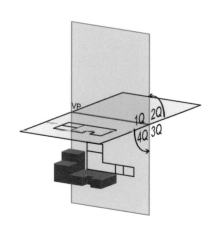 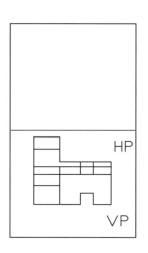

(b) 物體置於第四象限

圖6.8 物體置於第二、四象限會產生視圖重疊

心得筆記

Chapter 7

點之投影

7.1 點之投影

　　一物體可視為由許多面所構成，面則可視為由許多線所構成，線則由連續的點所構成，因此點的投影是所有投影的基礎，學習圖學的人員須熟悉點投影的性質。點沒有大小之分，只用於表示位置，點在任一投影面的投影仍為點。

　　設空間有一點A，其在水平投影面（簡稱H面或HP）的投影稱為點A之水平投影，習慣以a^h表示；在直立投影面（簡稱V面或VP）的投影稱為點A之直立投影，以a^v表示。過空間的點向投影面做垂直之投影線，其與投影面之交點即為點在該投影面之投影。

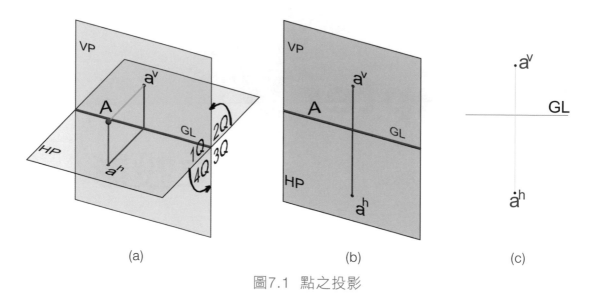

圖7.1　點之投影

　　圖7.1(a)為點置於第一象限空間之投影，將H面以GL（H面與V面之交線，稱之為基線）為軸旋轉，使之與V面重合，如圖7.1(b)所示，投影圖皆不繪投影面之邊框，最後以圖7.1(c)表示點之投影。H面繞GL旋轉的方向為V面前之H面向下旋轉，V面後之H面則跟著向上旋轉。

　　任一點A之投影具有下述性質：

1. 點之直立投影a^v至GL的距離等於空間的點離H面的距離，點之水平投影至GL的距離等於空間的點離V面的距離。

2. 不論點在任何象限， 其直立投影a^{v}與水平投影a^{h}之連線必與GL垂直。

7.2 點之位置

點可置於空間任意位置作投影，圖7.2為點置於第二象限，其直立投影與水平投影皆位於基線上方。

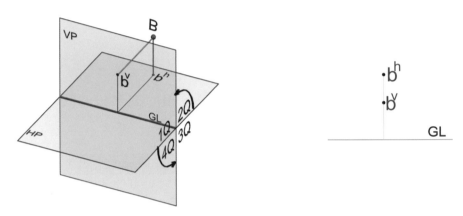

圖7.2 點置於第二象限之投影

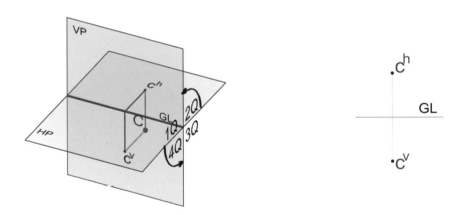

圖7.3 點置於第三象限之投影

圖7.3為點置於第三象限，其水平投影位於基線上方，直立投影位於基線下方。

圖7.4為點置於第四象限，其直立投影與水平投影皆位於基線下方。

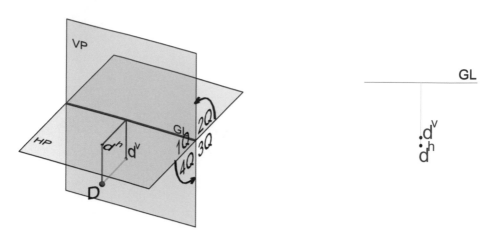

圖7.4　點置於第四象限之投影

表7.1為點置於各種不同位置之投影的性質，圖7.5為其投影圖。

表7.1　點之各種不同位置

點	點在空間之位置	點之投影性質
A	第一象限	a^h在GL下方，a^v在GL上方
B	第二象限	b^h在GL上方，b^v在GL上方
C	第三象限	c^h在GL上方，c^v在GL下方
D	第四象限	d^h在GL下方，d^v在GL下方
E	在H面上方之V面上	e^h在GL上，e^v在GL上方
F	在H面下方之V面上	f^h在GL上，f^v在GL下方
G	在V面前方之H面上	g^h在GL下方，g^v在GL上
I	在V面後方之H面上	i^h在GL上方，i^v在GL上
J	在GL上	j^h與j^v皆在GL上

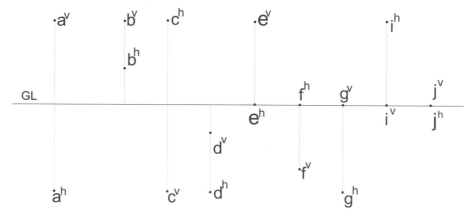

圖7.5　各種不同位置點之投影

7.3 點之座標

為了易於描述點在三度空間的位置,亦可用座標的方式表示,例如用(x,y,z)代表點之位置,如點A之位置可用A(x,y,z)表示,本書所採用之(x,y,z)代表之意義如下:

1. 取GL上之適當位置當原點,將GL視為三度空間之X軸,則x值表示點在X方向之位置,正值表示點在原點之右方,負值表示點在原點之左方。

2. y值表示點與H面之距離(也等於點之直立投影與GL之距離),正值表示點在H面之上方,負值表示點在H面之下方。

3. z值表示點與V面之距離(也等於點之水平投影與GL之距離),正值表示點在V面之前方,負值表示點在V面之後方。

◆ 例題一:求點A(5,3,2)之投影,如圖7.6所示。

做法:

1. 於GL上任取一點設為原點O,自O向右量取5個單位長,過此處做垂直於GL之投影線,點a^h,a^v必須位於此投影線上。

2. y為正3,表示點在H面之上方,於投影線上自GL向上量取3個單位長,得a^v。

3. z為正2,表示點在V面之前方,於投影線上自GL向下量取2個單位長,得a^h。

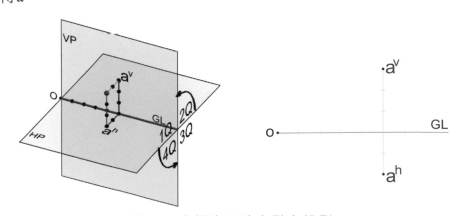

圖7.6 座標表示法之點之投影

本章習題

1. 試求下列各點之水平投影與直立投影，並求各點所在象限。

A（1，2，4）　　B（2，3，3）　　C（3，-4，3）

D（4，0，5）　　E（5，-2，-5）　　F（6，4，0）

G（7，2，-5）　　H（8，-3，0）　　I（9，0，0）

K（10，0，-4）

2. 試求下列各點之水平投影與直立投影，並求各點所在象限。

A點在原點右方10mm，HP下方30mm，VP後方40mm

B點在原點右方30mm，HP上方40mm，VP前方20mm

C點在原點右方80mm，HP上，VP後方50mm

D點在原點右方40mm，HP上方60mm，VP後方20mm

E點在原點右方50mm，HP下方10mm，VP上

F點在原點右方90mm，HP上及VP上

G點在原點右方60mm，HP上方40mm，VP上

H點在原點右方70mm，HP上，VP前方30mm

I點在原點右方100mm，HP下方30mm，VP後方50mm

J點在原點右方20mm，HP下方20mm，VP前方30mm

3. 判讀下列各點所在象限。

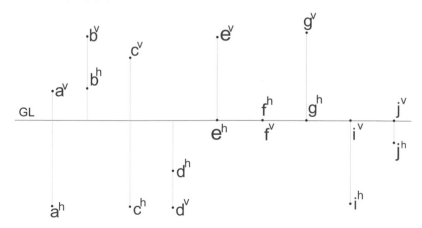

Chapter 8

直線之投影

線為點之集合，線可分為直線與曲線，一點如沿一固定之方向運動所形成的軌跡即為直線，若非沿一固定之方向運動所形成的軌跡則為曲線。探討直線之投影時，無須考慮其粗細，僅考慮其長短、方向與空間位置等問題。

8.1 直線之投影

直線在任一投影面之投影一般仍為直線，若直線與投影面垂直，則直線之投影為一點，稱之為直線的端視圖。以正投影的方式作投影時，直線投影的長度只會縮短不會變長，若直線與投影面平行，則直線投影的長度為原來之長度（稱之為實長）。

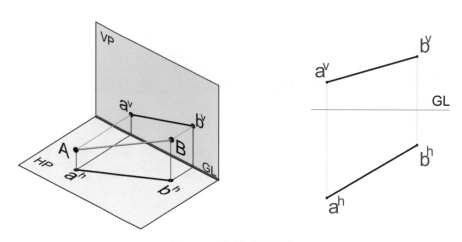

圖8.1　直線之投影

直線投影之求法，可用點投影的方法求之，如圖8.1所示，先求直線兩端點之投影，連接兩端點之水平投影，即為直線之水平投影。連接兩端點之直立投影，即為直線之直立投影。

直線所在位置不限於一個象限內，可延伸通過兩個或三個象限，如圖8.2所示，為通過三個象限之直線投影。

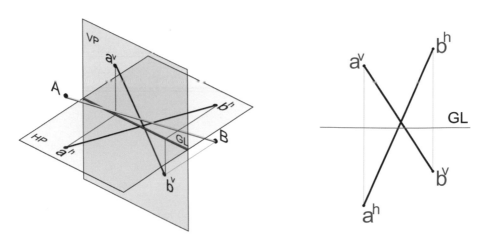

圖8.2 通過三個象限之直線投影

8.2 直線與投影面之關係

直線依其與投影面之關係可分為正垂線、單斜線及複斜線。與任一主要投影面垂直之直線為正垂線；與任一主要投影面平行而與其他兩投影面傾斜的直線為單斜線；與任一主要投影面皆不平行的直線為複斜線。

8.2.1 直線平行於基線

當直線同時與V面及H面平行，則直線之直立投影與水平投影皆平行於基線，圖8.3為直線位於第一象限之投影，圖8.4為直線位於第三象限之投影。

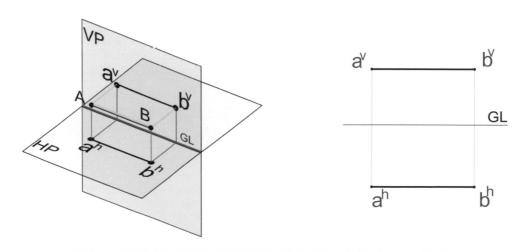

圖8.3 同時與V面及H面平行且位於第一象限之直線投影

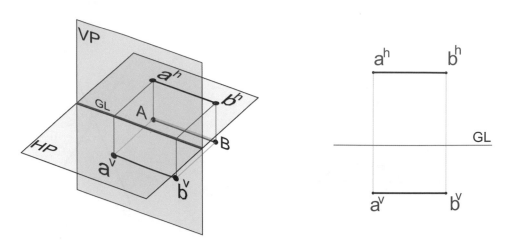

圖8.4　同時與V面及H面平行且位於第三象限之直線投影

8.2.2　直線平行於一投影面且傾斜於其他投影面

　　當直線AB平行於V面且傾斜於H面時，如圖8.5所示，直線之任一點與V面之距離相等，因此兩端點之水平投影與基線之距離相等，即直線之水平投影與基線平行。平行於V面之直線，稱為直立線，其直立投影呈現實長，通常沿其投影加註字母TL（True Length）以表示之。當直線與投影面平行時，其在該投影面之投影呈現實長，在另一投影面之投影則與基線平行，此為判斷直線平行於投影面之重要準則。

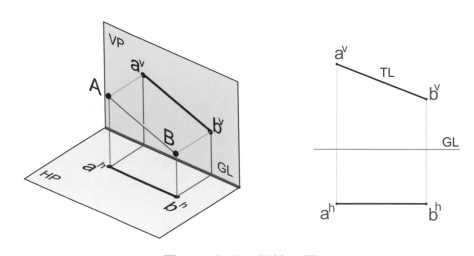

圖8.5　直線平行於 V 面

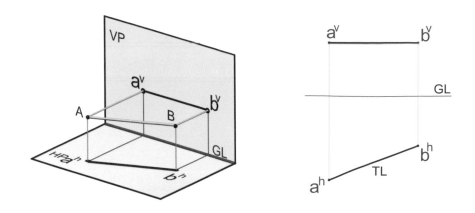

圖8.6 直線平行於H面

當直線AB平行於H面且傾斜於V面時，如圖8.6所示，直線之直立投影與基線平行，其水平投影呈現實長，當直線與水平投影面平行時，稱為水平線。

8.2.3 直線垂直於投影面

當直線AB垂直於V面，如圖8.7所示，直線兩端之直立投影重疊，故直立投影為一點，直線AB若垂直於V面則必平行於H面，其水平投影呈現實長。當直線與投影垂直時，稱此直線為正垂線。圖8.8所示為直線AB垂直於H面。

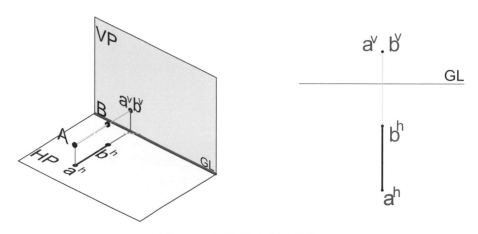

圖8.7 直線垂直於V面

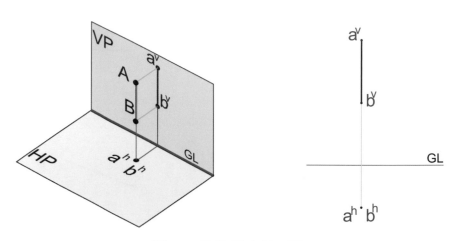

圖8.8　直線垂直於H面

8.2.4　直線垂直於基線

　　當直線AB垂直於基線時，則此直線會平行於P面，如圖8.9所示，直線之直立投影與水平投影皆垂直於基線。

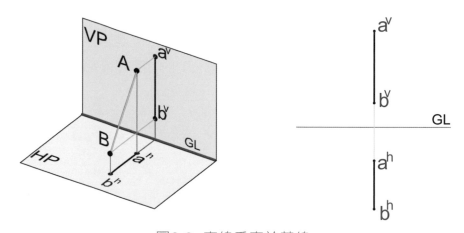

圖8.9　直線垂直於基線

　　圖8.10為垂直於基線且位於V面之直線，圖8.11為垂直於基線且位於H面上之直線投影。

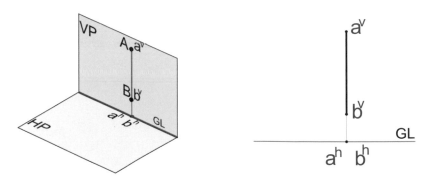

圖8.10　直線垂直於基線且位於Ｖ面

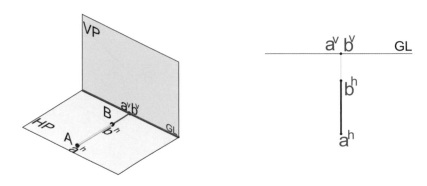

圖8.11　直線垂直於基線且位於H面

8.2.5 直線通過兩個象限

　　直線的兩個端點若位於不同象限，則直線會與投影面相交，直線與投影面的交點稱之為跡（Trace）。直線與水平投影面的交點稱之為水平跡（Horizontal Trace），直線與直立投影面的交點稱之為直立跡（Vertical Trace），直線與側投影面的交點稱之為側面跡（Profile Trace）。

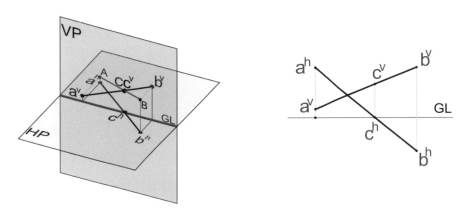

圖8.12　直線之直立跡

　　如圖8.12所示，C點位於直線AB穿過V面處，故為直線之直立跡，c^h位於直線AB之水平投影與基線相交處。

　　如圖8.13所示，C點為直線AB穿過H面處，故為直線之水平跡，c^v位於直線AB之直立投影與基線相交處。

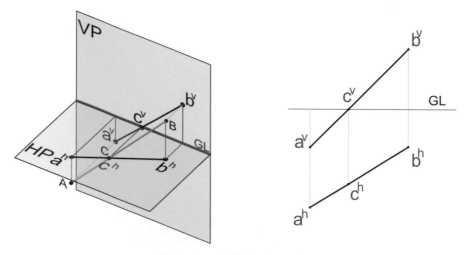

圖8.13　直線之水平跡

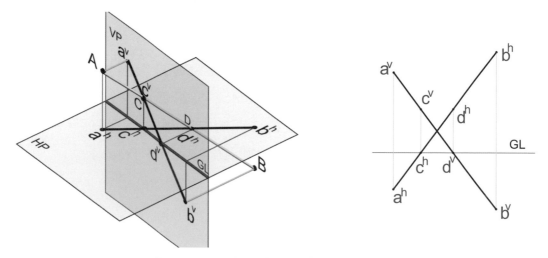

圖8.14　直線同時有直立跡與水平跡

　　如圖8.14所示，AB直線通過三個象限，因此同時有水平跡與直立跡，由直線之投影可判斷直線是否穿過投影面。當水平投影與基線相交時，表示直線穿過V面，其交點可決定直立跡；當直立投影與基線相交時，表示直線穿過H面，其交點可決定水平跡。

8.3 直線之實長

　　所謂實長即直線的投影長度與真實的長度一致。直線與投影面夾角之真實大小稱之為實角或傾斜角，通常以 α、β、γ 分別代表直線與 H、V、P 投影面所夾之實角。如圖8.15所示，當直線與V面平行時，其直立投影呈現其實長，同時圖中直立投影與水平線之夾角即為 α。圖8.16所示為直線與H面平行，其水平投影呈現其實長，水平投影與水平線之夾角即為 β。

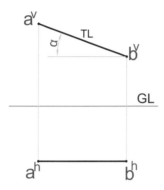

圖8.15　直線平行於 V 面

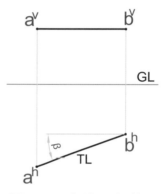

圖8.16　直線平行於 H 面

　　複斜線之水平投影與直立投影皆不是實長，其投影與基線之夾角也不是實角。求直線實長的常用方法有倒轉法、旋轉法、輔助投影法三種，本章介紹前兩種如下：

8.3.1 倒轉法

　　如圖8.17所示，空間之直線AB、直線AB之水平投影及其兩端點之投影線構成一個直角梯形，如以直線之水平投影為軸，將梯形倒轉至H面上，直角梯形的一邊Aa^{h}等於A點至H面之距離，Bb^{h}等於B點至H面之距離，直角梯形之斜邊即呈現直線AB之實長。其作圖步驟如下：

1. 分別過直線水平投影之兩端點做水平投影之垂線。

2. 在垂線上取A點使Aa^{h}等於a^{v}至基線之距離，Bb^{h}等於b^{v}至基線之距離，連接AB兩點即得直線之實長，如圖之 α 即直線與H面之實角。

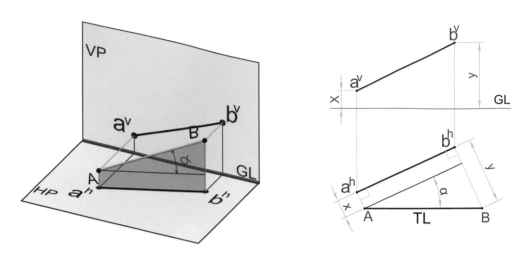

圖8.17　以直線水平投影為倒轉軸求直線之實長

　　如圖8.18所示，倒轉法亦可以直立投影為軸，將梯形倒轉至V面上，如圖之 β 即為直線與V面之實角。

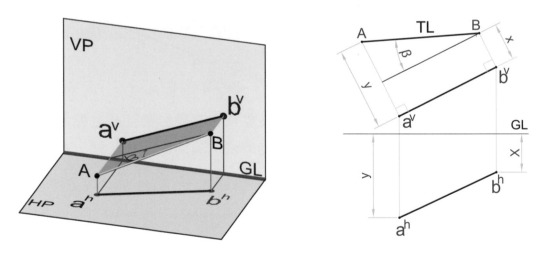

圖8.18　以直線直立投影為倒轉軸求直線之實長

8.3.2　旋轉法

　　如圖8.19所示，任選空間直線之一端點為基準（例如選A），以空間投影線 Aa^h 為軸，將直線旋轉至與V面平行，重新投影B點之投影，直線之新的直立投影即呈現實長。旋轉過程直線與H面之夾角維持不變，故其水平投影長度維持不變，且B點離H面距離維持不變，B點之直立投影離基線之距離亦維持不變。

上述過程相當於將倒轉法構成之直角梯形以Aa^{h}為軸,旋轉至與V面平行,其作圖步驟如下:

1. 以a^{h}為圓心a^{h}b^{h}為半徑畫弧,過a^{h}做水平線交弧於b^h',連接a^{h}b^h'即為直線之新的水平投影。

2. 過b^{v}做水平線,與過b^h'做垂線交於b^v',即為B點之新的直立投影,連接a^{v}b^v'即為直線之新直立投影,並呈現實長,如圖之 α 即為直線與H面之實角。

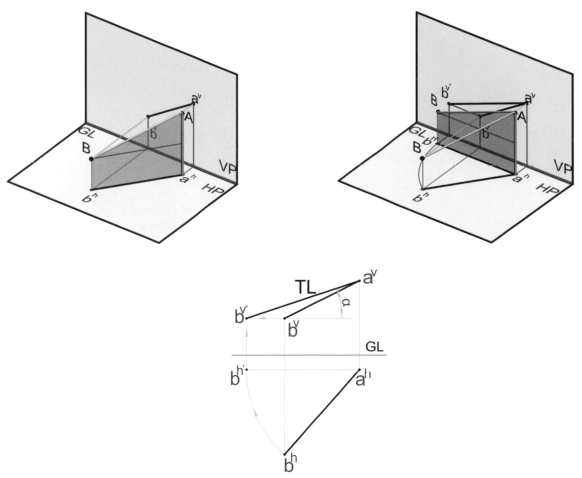

圖8.19 旋轉法求直線實長—直線轉至與V面平行

同理亦可以投影線Aa^{v}為軸,將直線旋轉至與H面平行,重新投影B點之投影,直線之新的水平投影即呈現實長,如圖8.20之 β 即為直線與V面之實角。

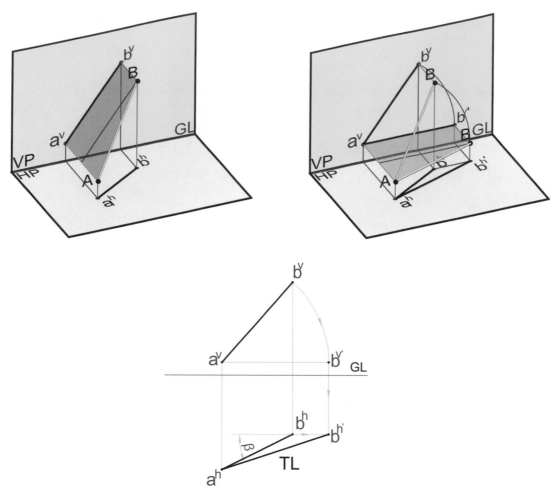

圖8.20　旋轉法求直線實長—直線轉至與H面平行

8.4　線之可見性

　　若將直線視為圓柱體，則兩不相交直線在其投影重疊處，須判定其先後，以決定何者須以虛線繪出，其步驟如下：

1. 如圖8.21，若將兩直線置於第一象限，即第一角法投影，如圖由直立投影重疊交點p^v投影至水平投影，先遇到AB直線之水平投影，表示重疊處AB直線較靠近直立面，即AB位於較後方，故直立投影重疊處AB直線以虛線繪出。

2. 由水平投影重疊交點p^h投影至直立投影，先遇到AB直線之直立投影，表示重疊處AB直線較靠近水平面，即AB位置較低，故水平投影重疊處AB直線以虛線繪出。

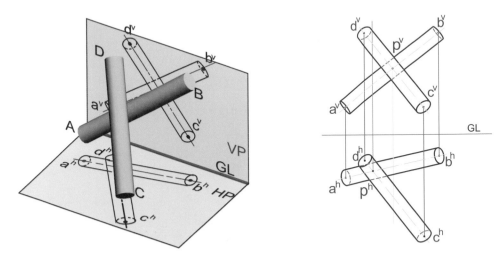

圖8.21　第一角法投影線之可見性判斷

　　如圖8.22，若將兩直線置於第三象限，其判定原則恰與第一角法投影相反。如圖由直立投影重疊交點p^v投影至水平投影，先遇到AB直線之水平投影，表示重疊處AB直線較靠近直立面，即AB位於較前方，故直立投影重疊處AB直線以實線繪出。同理，由水平投影重疊交點P^h判斷兩直線之高低。

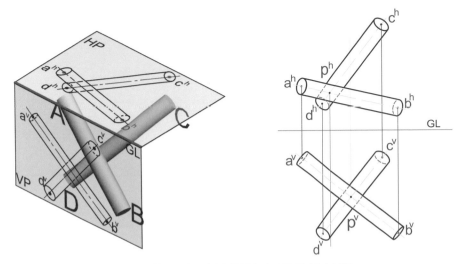

圖8.22　第三角法投影線之可見性判斷

本 章 習 題

1. 試求下列各直線之水平投影與直立投影、水平跡與直立跡，並說明直線所穿過之象限。

- A（10，20，-40） B（50，30，30）
- A（20，30，50） B（60，-40，-20）
- A（15，40，-30） B（70，-60，10）
- A（10，-40，-50） B（40，-30，10）
- A（10，10，-30） B（60，0，40）
- A（60，0，-50） B（20，30，40）

2. 試求下列各題直線 AB 之實長及實角。

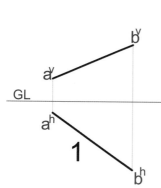

1

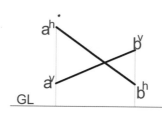

2

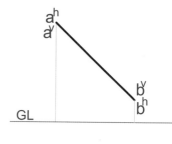

3

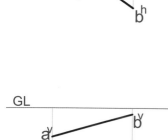

4

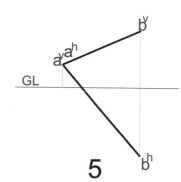

5

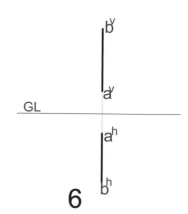

6

3. 判斷下列各角錐體之 AB 與 CD 邊之可見性。

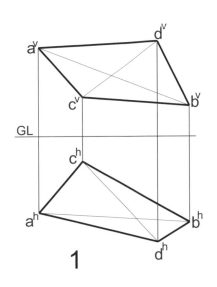

1

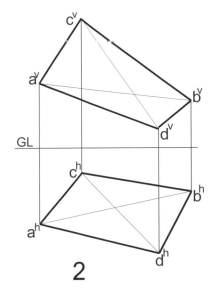

2

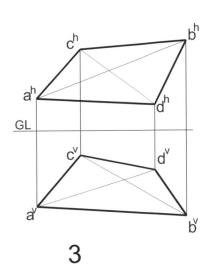

3

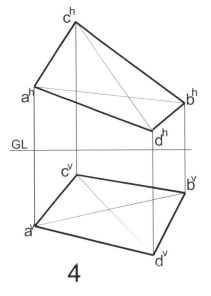

4

心 得 筆 記

Chapter 9

平面之投影

9.1 概論

　　平面為線依一定方向移動的軌跡，平面無厚度，討論平面之投影可分為無限平面及有限平面。無限平面指平面之大小可無限延伸，有限平面則指可用邊線界定平面的位置。決定一個平面的條件有四種：

1. 平行的兩直線，如圖9.1所示之AB、CD直線。

2. 相交的兩直線，如圖9.2所示之AD、BC直線。

3. 一直線及線外一點，如圖9.3所示之AB直線與C點。

4. 不在同一直線的三點，如圖9.4所示之A、B、C三點。

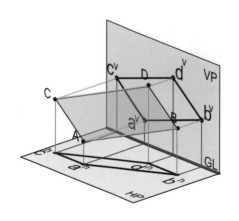
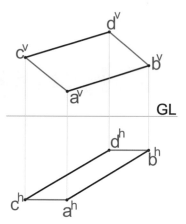

圖9.1　平行的兩直線決定一平面

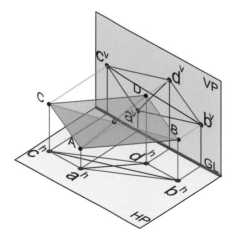
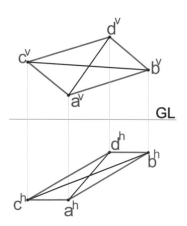

圖9.2　相交的兩直線決定一平面

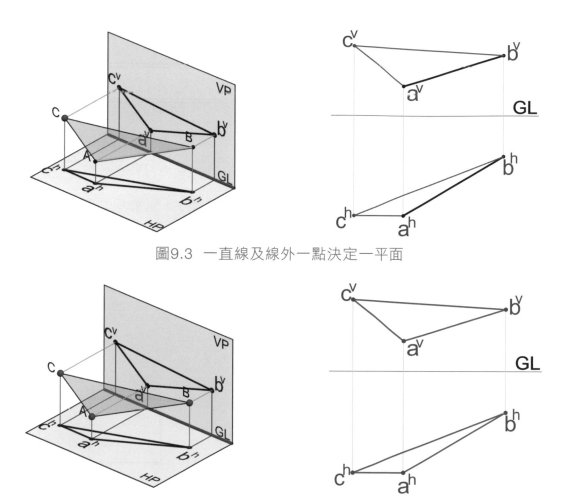

圖9.3 一直線及線外一點決定一平面

圖9.4 不在同一直線的三點決定一平面

　　本章探討對象主要以有限平面為主。表示一有限平面通常可用平面的邊界線表示，連接一平面邊線之投影即為一平面之投影。為便於作圖與講解，平面形狀常以三角形平面表示。

9.2 平面與投影面的關係

　　平面之投影形狀視平面與投影面的關係而定。平面與投影面傾斜時，其投影會縮小；平面與投影面垂直時，其投影呈一條線，稱之為此平面的邊視圖；平面與投影面平行時，其投影呈現真實的大小，稱之為實形（True Shape，T.S.）。

　　與任一主要投影面（即V面、H面或P面）平行的平面皆稱之為正垂面。如圖9.5所示。與V面平行的平面又可稱為直立面，其直立投影可呈現實形，水平投影為與基線平行之邊視圖。如圖9.6所示，與H面平行的平面又可稱為水平面。如圖9.7所示，與側投影面平行的平面又可稱為側平面。

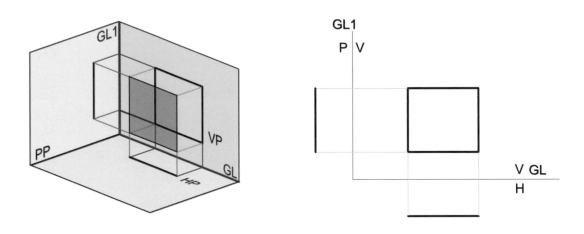

圖9.5　直立面及其投影

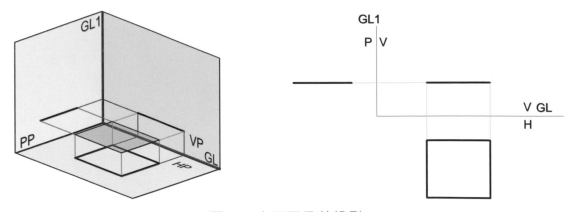

圖9.6　水平面及其投影

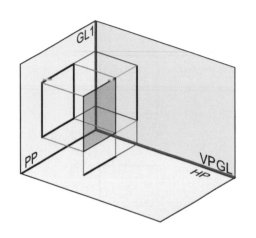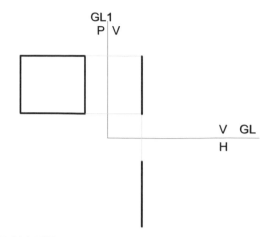

圖9.7 側平面及其投影

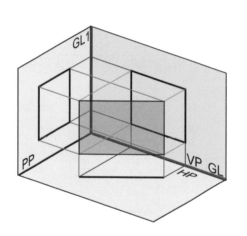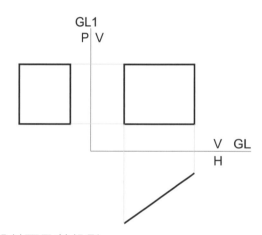

圖9.8 垂直於H面之單斜面及其投影

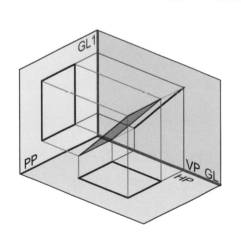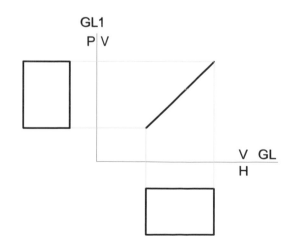

圖9.9 垂直於V面之單斜面及其投影

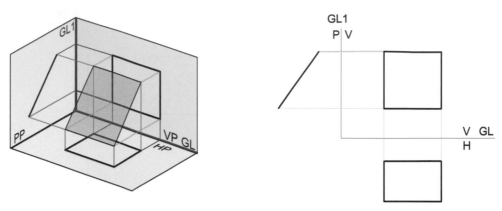

圖9.10　垂直於P面之單斜面及其投影

　　與任一主要投影面垂直，且傾斜於另兩主要投影面的平面稱之為單斜面，單斜面有一視圖呈現邊視圖，如圖9.8、9.9、9.10所示。

　　傾斜於每一主要投影面的平面稱之為複斜面。複斜面在三個主要投影面之投影皆為形狀相似但縮小之平面，如圖9.11所示。

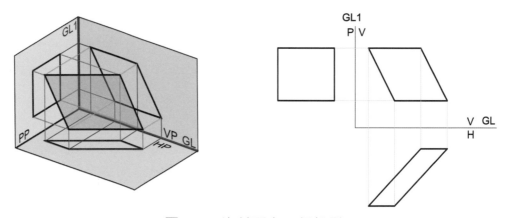

圖9.11　複斜面之三個投影

　　如圖9.12所示之物體，包含各種不同位置的平面。

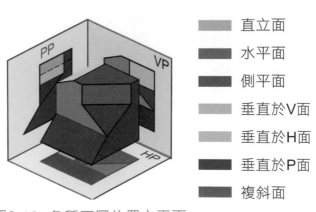

直立面
水平面
側平面
垂直於V面
垂直於H面
垂直於P面
複斜面

圖9.12　各種不同位置之平面

Chapter *10*

側投影

10.1 側投影

除了V面與H面之外，如再放置一投影面與前兩者垂直相交，此投影面稱之為側投影面（Profile Plane，PP）或P面。V、H、P三平面互相垂直相交，P面與V面或H面之交線統稱之為副基線（secondary ground line），本書以GL1表示，或分別以VP副基線、HP副基線稱之。如圖10.1(a)，側投影面置於左側時稱之為左側面，如圖10.1(b)所示置於右側時稱之為右側面。

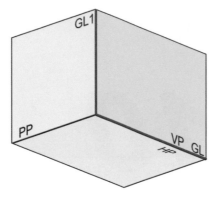

圖10.1(a) 左側投影面

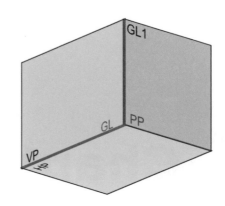

圖10.1(b) 右側投影面

10.2 點之側投影

點之側投影求法與直立投影或水平投影相同，過空間的點向側投影面作垂直之投影線，其與側投影面之交點即為點在側投影面上之投影，點A之側投影通常以a^p表示。

投影完成後，側投影面可以GL1副基線為軸，旋轉至與V面共平面，如圖10.2所示。

因P面與V面垂直，因此A點之側投影亦具有下述性質：

1. 直立投影a^v與側投影a^p之連線與VP副基線垂直。

2. 點之側投影a^p至VP副基線的距離等於空間的點離V面之距離，因此a^h與GL的距離等於a^p與VP副基線的距離。

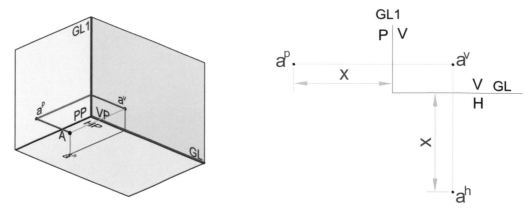

圖10.2 側投影面以VP副基線為軸旋轉至與V面共平面

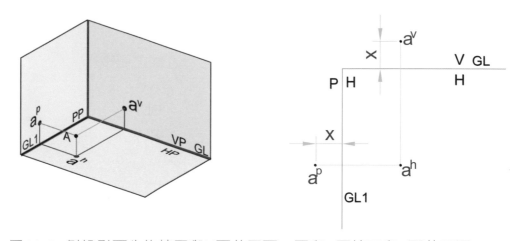

圖10.3 側投影面先旋轉至與H面共平面，再與H面轉至與V面共平面

如圖10.3所示，側投影面亦可先旋轉至與H面共平面，再與H面轉至與V面共平面。

由上述之性質，已知a^v、a^h、a^p其中兩個投影可求出另一投影。如圖10.4所示，已知a^v、a^p兩投影，過兩基線之交點作45度傾斜線，過a^p作垂直投射到斜線，再轉向作水平投射線，與過a^v作垂線相交即得a^h之投影。

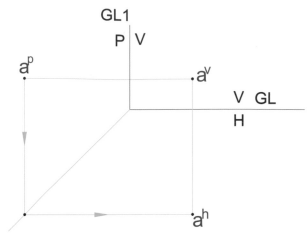

圖10.4 已知a^v、a^p兩投影求a^h之投影

10.3 直線之側投影

如圖10.5，連接直線兩端點之側投影即可得直線之側投影。

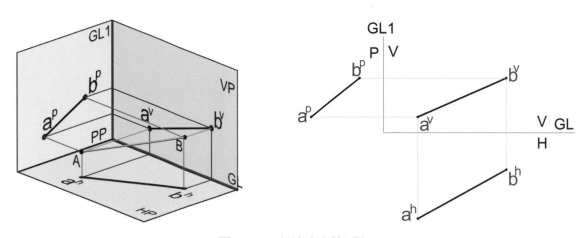

圖10.5 直線之側投影

當直線之水平投影及直立投影皆與基線垂直時，直線與P面平行，其側投影為直線之實長，如下圖10.6所示。

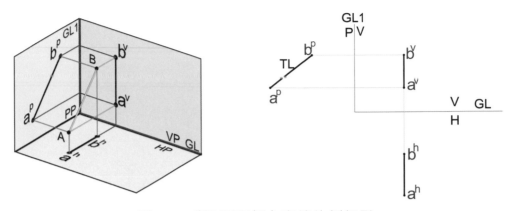

圖10.6　與P面平行之直線的側投影

　　當直線之水平投影與直立投影皆與基線平行時，直線與P面垂直，其側投影為直線之端視圖，如下圖10.7所示。

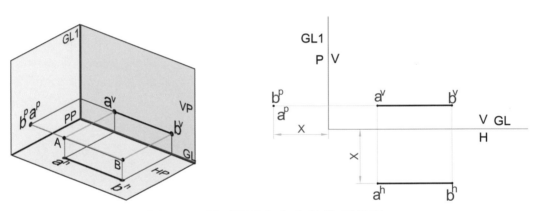

圖10.7　與P面垂直之直線的側投影

　　如圖10.8所示，為採用右側投影面之直線的投影。

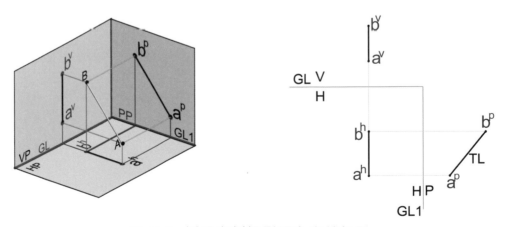

圖10.8　採用右側投影面之直線投影

本 章 習 題

1. 試求下列各題直線 AB 之側投影。

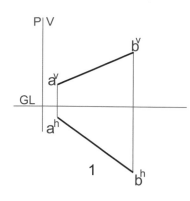

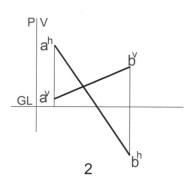

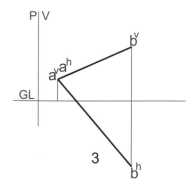

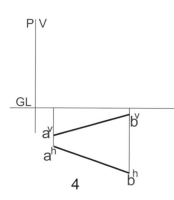

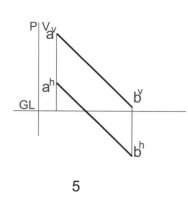

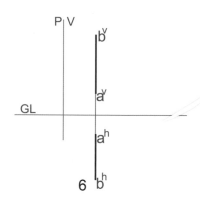

2. 試求下列各題兩直線之側投影，並判斷兩直線是否相交或平行。

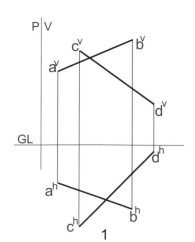

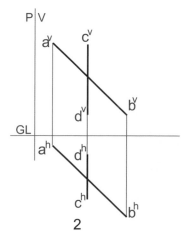

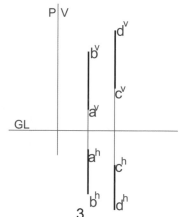

3. 試求下列各題平面之側投影。

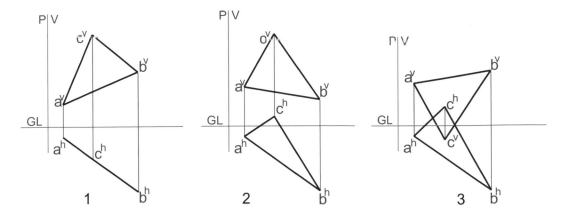

4. 試求下列各題直線之直立投影。

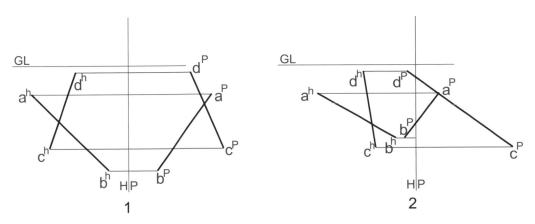

心得筆記

Chapter *11*

副投影

11.1 概論

　　直線或平面與投影面平行時，直線可呈現實長，平面可呈現實形，呈現實長或實形的圖形有助於了解其性質。當一物體之某些線或平面無法顯示其實長或實形時，可利用副投影獲得。

　　除了三個主要投影面之外，如有需要，亦可自行設立投影面，自行設立之投影面稱為副投影面或輔助投影面。副投影面非隨意設立，須與主要投影面之一垂直。我們知道H面與V面互相垂直，若一副投影面也與H面垂直，則其性質有如另一V面，同理若副投影面與V面垂直，則其性質有如另一H面，副投影面與V面或H面之交線稱之為副基線，以GL1表示。

11.2 點之副投影

　　點的副投影繪製原理與正投影相同，投影線須與副投影面垂直。如圖11.1所示，若副投影面與H面垂直，B點在副投影面之投影以b^x表示，則投射完成後，副投影面須以GL1為軸，旋轉至與H面同一平面，再以GL為軸，與H面一起旋轉至與V面同一平面，b^x與b^h之連線與GL1垂直，b^v與GL的距離等於b^x與GL1的距離，皆表示空間的點B與H面的距離。反之如圖11.2，若副投影面與V面垂直，副投影面則旋轉至與直立面同一平面。

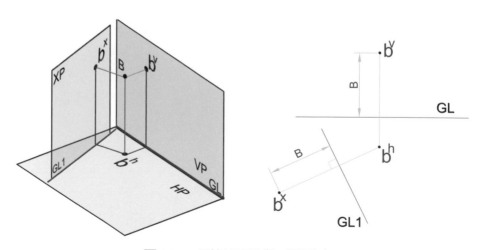

圖11.1　副投影面與H面垂直

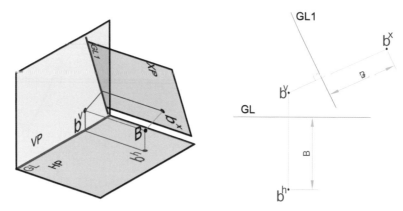

圖11.2 副投影面與V面垂直

11.3 直線之副投影

直線副投影可用點投影的方法求之，如圖11.3所示，先求直線兩端點之副投影，連接兩端點之副投影即為直線之副投影。當直線與副投影面平行時，其副投影可呈現實長，圖11.3之副投影面X與H面垂直，且與直線AB平行，此時其副基線與$a^h b^h$平行為其重要特徵。直線AB之副投影呈現實長，以副投影面法求直線之實長的步驟如下：

已知直線之直立與水平投影，取適當之距離作副基線GL1與$a^h b^h$平行，過$a^h b^h$作投影線垂直於副基線GL1，分別作A、B兩點之副投影，得a^x與b^x，連接a^x與b^x即為AB之副投影。同法亦可作副投影面X與V面垂直求直線之實長，如圖11.4所示。

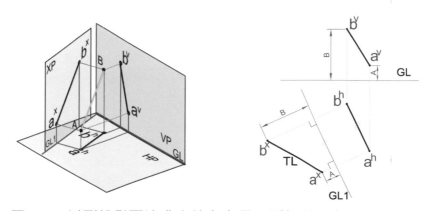

圖11.3 以副投影面法求直線之實長—副投影面與H面垂直

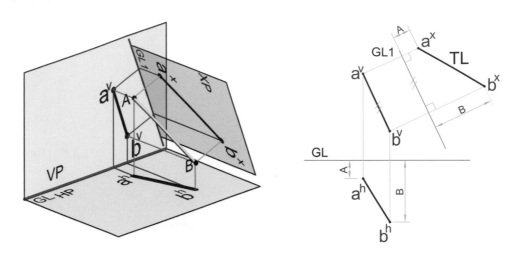

圖11.4 以副投影面法求直線之實長─副投影面與V面垂直

當直線在主平面之投影呈現實長時,作副投影面與直線垂直,以求得直線之端視圖,步驟如下:

如圖11.5所示,$a^h b^h$呈現實長,作副基線GL1與$a^h b^h$垂直,分別求作A、B兩點之副投影,得a^x與b^x重合,即得直線之端視圖。

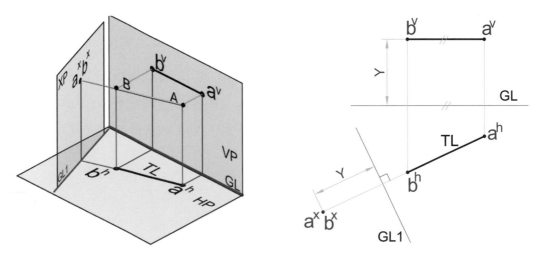

圖11.5 作副投影面求直線之端視圖

11.4 第二副投影面

　　副投影中，必要時可經由第一副投影面再設立另一副投影面，稱之為第二副投影面，空間一點A之第二副投影以a^y表示。第二副投影面必須垂直於第一副投影面，兩者之間的交線稱之為第二副基線，以GL2表示。第二副投影面必須以GL2為軸旋轉至與第一副投影面同一平面，再與第一副投影面一起旋轉，若第一副投影面與H面垂直，則a^h與GL1的距離等於a^y與GL2的距離，皆表示空間的點A與第一副投影面的距離。當第一副投影面與空間的一直線平行時，此時可設立第二副投影面與該直線垂直，而得直線之第二副投影呈現端視圖。以副投影面法求直線端視圖的步驟如下：

　　如圖11.6(a)，已知第一副投影面與直線平行，其第一副投影呈現直線之實長。如圖11.6(b)，作副基線GL2與$a^x b^x$垂直，過a^x、b^x作投影線垂直於第二副基線GL2，在垂線上取a^y與GL2的距離等於a^h與GL1的距離，同法得b^y，a^y與b^y重合，即得直線之端視圖。

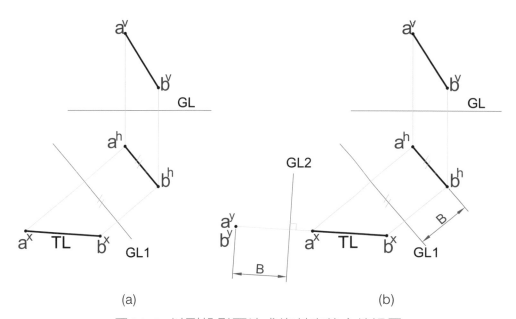

(a)   (b)

圖11.6 以副投影面法求複斜直線之端視圖

11.5 副投影法求單斜平面之實形

與任一主要投影面垂直，並傾斜於另兩主要投影面的平面稱為單斜面，單斜面之一投影呈現邊視圖，可用副投影法求單斜面之實形，步驟如下：

如圖11.7所示，平面ABC之水平投影呈現邊視圖，作副基線GL1與$a^h b^h c^h$平行，分別作A、B、C三點之副投影，連接各點得平面ABC的副投影，即得其實形。

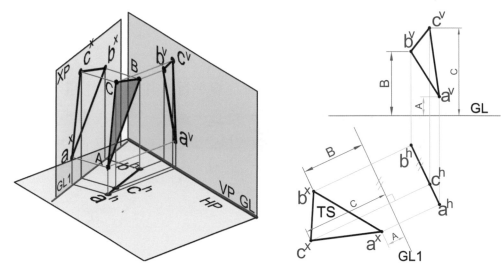

圖11.7 副投影法求單斜平面之實形（一）

同法亦可作副投影面X與直立投影面垂直，求單斜面之實形，如圖11.8所示。

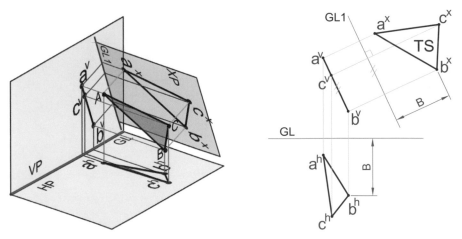

圖11.8 副投影法求單斜平面之實形（二）

11.6 副投影法求複斜平面之實形

與每一主要投影面皆不平行的平面，稱為複斜面或歪斜面。複斜面在三個主要投影面之投影皆為形狀相似但縮小的平面，欲求複斜面之實形。須作第一副投影面與平面垂直及第二副投影面與平面平行，方能求得複斜面之實形。其畫法如下：

當平面上存在一直線與投影面垂直時，此平面即與投影面垂直，因此第一副投影面只要與平面上之一直線垂直，則第一副投影面即與此平面垂直。如圖11.9(a)之平面ABC，於該面上過A點作一水平線，副投影面若與此水平線垂直，則副投影面即與平面ABC垂直。因此可過c^v作水平線，與$b^v a^v$交於d^v，過d^v作垂線交$b^h a^h$於d^h，則CD之水平線投影$c^h d^h$呈現實長，於適當處作副基線GL1與$c^h d^h$之延長線垂直，求作第一副投影，得平面之邊視圖$a^x c^x b^x$。

如圖11.9(b)，作副基線GL2與$a^x c^x b^x$平行，分別作A、B、C三點之第二副投影，連接各點得平面ABC第二副投影$a^y b^y c^y$，即得其實形。

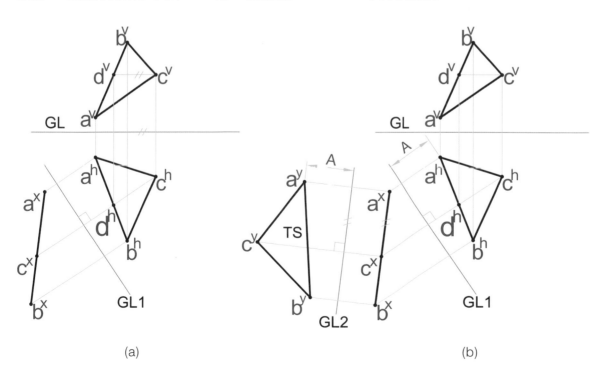

(a)   (b)

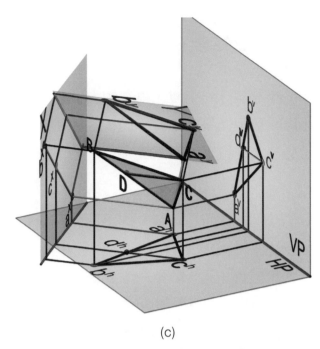

(c)

圖11.9 副投影面法求複斜面之實形

同法亦可作第一副投影面X與直立面垂直，求複斜平面之實形。

本章習題

1. 試以副投影法求下列各題直線 AB 之實長、端視圖及其實角。

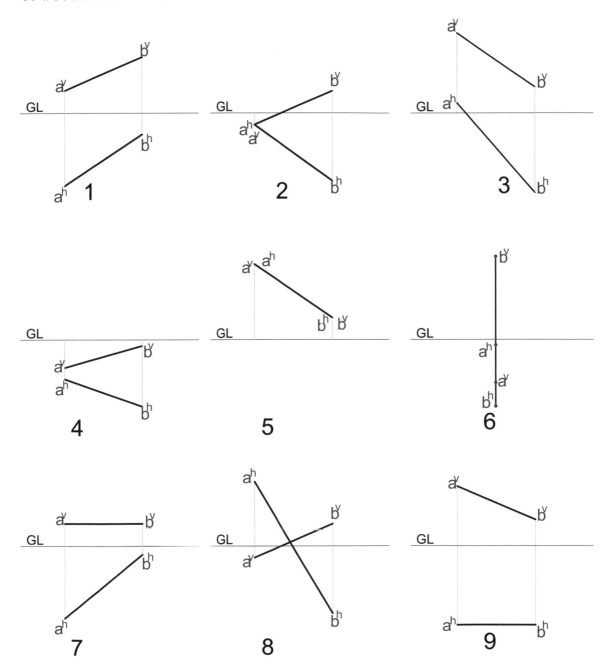

2. 試以副投影法求下列各題平面之實形及實角。

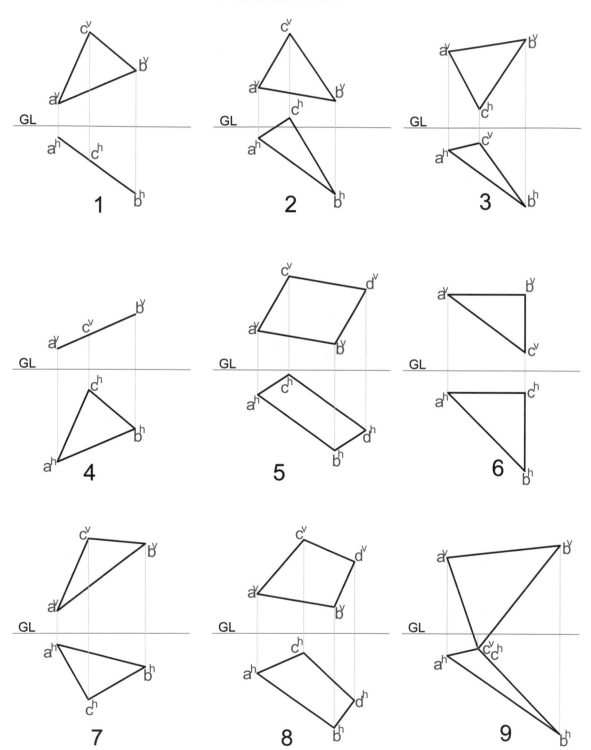

Chapter *12*

點、直線與平面

本章探討的內容是空間的點、直線與平面相互的關係，主要是兩者間的距離、夾角、垂直、平行等。分敘如下：

12.1 點與直線

12.1.1 點在直線上

若點在直線上，則點之投影必在直線之投影上。如圖12.1所示，若點F在AB直線上，已知F之水平投影f^h，則f^v必位於過f^h作垂線與直線之直立投影的交點上。

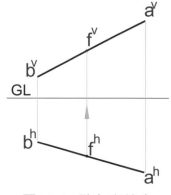

圖12.1　點在直線上

12.1.2 一點與直線間之距離

一點與直線間之距離係指一點與直線間之垂直距離，為兩者之最短距離。當直線之投影呈端視圖時，可求得兩者之最短距離。現以副投影的方法求最短距離，如圖12.2(a)所示，已知直線AB與點C之投影。如圖12.2(b)所示，取適當之距離作副基線GL1與$a^h b^h$平行，求作副投影，得AB之實長$a^x b^x$與點C之投影c^x。

如圖12.2(c)所示，過c^x向$a^x b^x$作垂線得$c^x d^x$，由d^x反向投影至H面與V面，分別得d^h及d^v，連接$c^h d^h$及$c^v d^v$，即為此最短距離之水平投影與直立投影。如圖12.2(d)所示，適當之距離作副基線GL2與$c^x d^x$平行，求作第二副投影，得CD之實長$c^y d^y$，即為所求之最短距離。

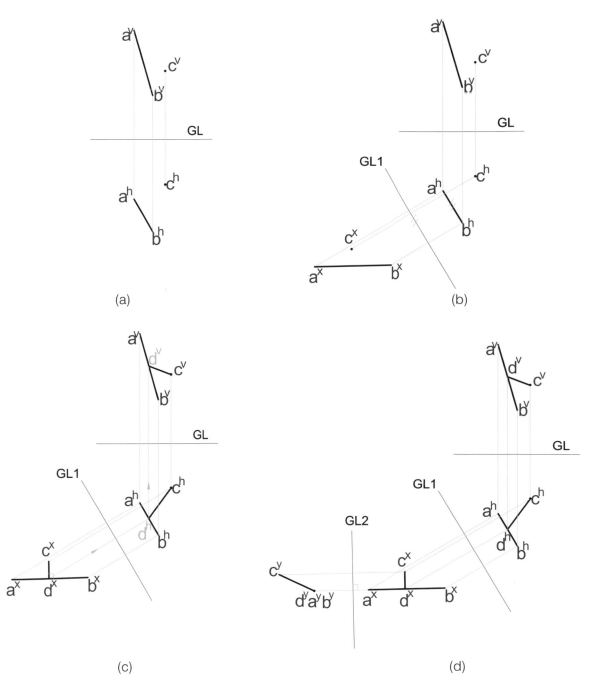

(a)

(b)

(c)

(d)

圖12.2 一點與直線間之距離

12.2 點與平面

12.2.1 點在平面上

若點在平面上，則點之投影必在平面之投影上。如圖12.3，若點D在平面上，已知D之直立投影d^v。過c^v作直線$c^v e^v$經過d^v，過e^v作垂直投影交$b^h a^h$於e^h，連接c^h及e^h，則d^h必位於過d^v作垂線與$c^h e^h$之交點上。

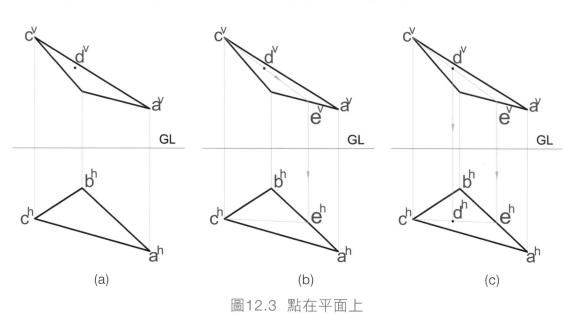

圖12.3 點在平面上

12.2.2 點與平面之最短距離

點與平面之最短距離為過點向平面作垂線之線段的實長，當平面之投影呈邊視圖時，過點向邊視圖所作之垂線即點與平面之最短距離，可用副投影的方法求得。步驟如下：

1. 如圖12.4(a)所示，已知平面ABC與點E之投影。

2. 如圖12.4(b)，過a^v作水平線與$b^v c^v$交於d^v，過d^v作垂線交$b^h c^h$於d^h，則AD之水平線投影$a^h d^h$呈現實長。

3. 如圖12.4(c)，作副基線GL1與$a^h d^h$垂直，作圖得平面ABC之邊視圖 $b^x a^x c^x$ 與點E之投影e^x。過e^x向邊視圖作垂線得$e^x f^x$，即為所求之最短距離。

4. 如圖12.4(d)，過$e^x f^x$反向回作投影，得$e^h f^h$與$e^v f^v$。

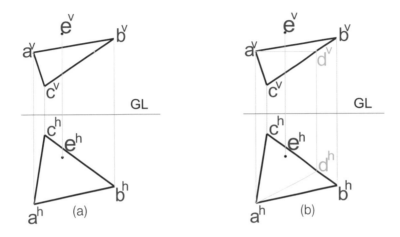

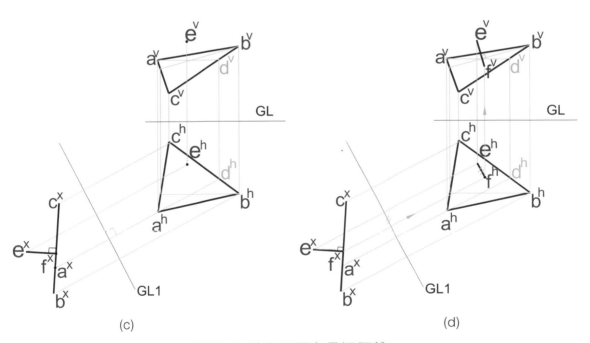

圖12.4 點與平面之最短距離

12.3 兩直線之關係

12.3.1 兩直線相互平行

空間的兩直線若相互平行，則其任一視圖也必然呈現平行，如圖12.5所示。因此當直線之相鄰兩視圖皆呈現平行時，即可判斷此兩直線為相互平行，但若兩線之投影與基線垂直時，如圖12.6所示，則須作副投影或側投影方能判斷。若已知直線AB及點C之投影，欲過C點作CD平行於AB時，即可於各視圖中過C作AB投影之平行線即得所求。

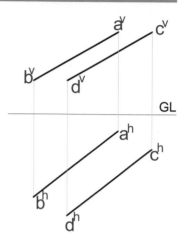

圖12.5 兩直線平行

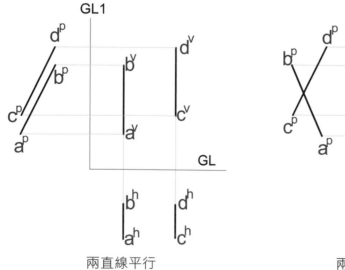

兩直線平行　　　　　　　　兩直線不平行

圖12.6 兩直線與側平面平行

12.3.2 兩直線相交

空間的兩直線若有一共同點，則稱兩直線相交，此共同點稱之為兩直線之交點，如圖12.7(a)所示。連接兩視圖的交點之直線若與基線垂直時，則可判斷兩直線相交，否則不相交，如圖12.7(b)所示。

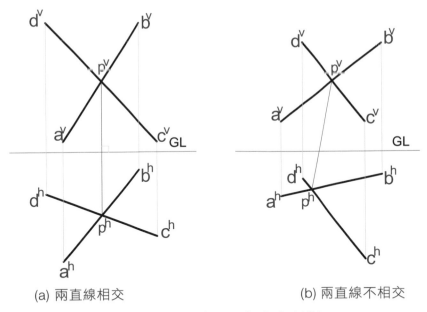

(a) 兩直線相交　　　　　　　　(b) 兩直線不相交

圖12.7　兩直線是否相交之判斷

12.3.3　兩直線垂直

兩直線垂直時，其投影未必垂直，如圖12.8(a)，反之其投影垂直也未必表示兩直線垂直，如圖12.8(b)，但若有一直線之投影呈現實長時，則兩垂直之直線在該投影面的投影呈現垂直，如圖12.8(c)。

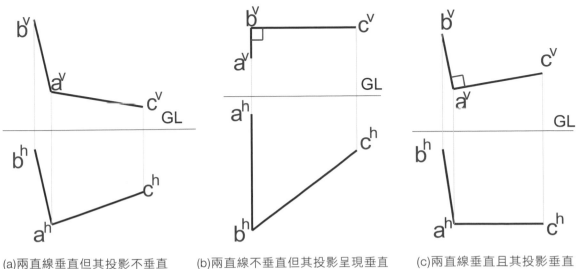

(a)兩直線垂直但其投影不垂直　　(b)兩直線不垂直但其投影呈現垂直　　(c)兩直線垂直且其投影垂直

圖12.8　兩直線是否垂直之判斷

12.3.4 兩相交直線之夾角

兩相交直線投影之夾角不一定能呈現實角，欲求實角，可求取兩相交直線所構成之平面的實形，實形平面之兩相交直線的夾角即為實角，求解步驟如下：

1. 如圖12.9(a)，已知兩相交直線之投影。

2. 如圖12.9(b)，作水平線，使線之兩端點分別位於兩相交直線上，如圖之 AD直線，則AD之水平線投影$a^h d^h$呈現實長。

3. 如圖12.9(c)，於適當處作副基線GL1與$a^h d^h$垂直，作圖得兩相交直線所構成之平面的邊視圖。

4. 如圖12.9(d)，作第二副投影得平面的實形，兩相交直線之夾角θ即為實角。

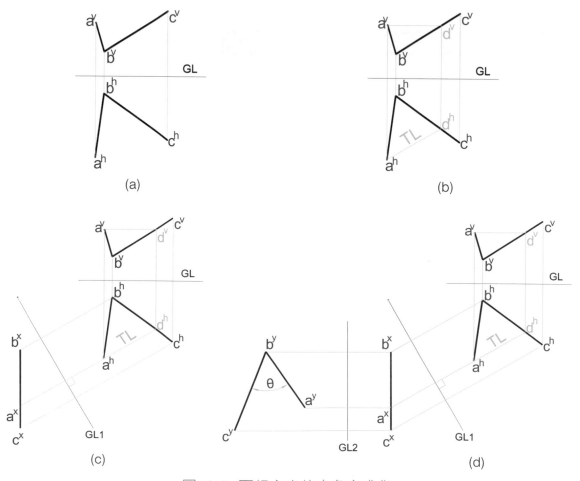

圖12.9 兩相交直線夾角之求作

12.3.5 兩複斜直線之夾角

當兩直線不平行又不相交，欲求此兩複斜直線之夾角時，可利用副投影法，求出能同時呈現兩直線實長之投影視圖，如圖12.10所示，此時兩實長直線之夾角即為所求，步驟如下：

1. 如圖12.10(a)，已知兩複斜直線之投影。

2. 如圖12.10(b)，過A作AE線與CD平行，連接BE，則平面ABE與直線CD平行，作平面ABE上之一水平主線AF。

3. 如圖12.10(c)，作副基線GL1與$a^h f^h$垂直，作圖得平面ABE之邊視圖$a^x b^x e^x$與直線CD之投影$c^x d^x$。

4. 如圖12.10(d)，作第二副投影得平面ABE的實形，兩相交直線之夾角θ即為實角。

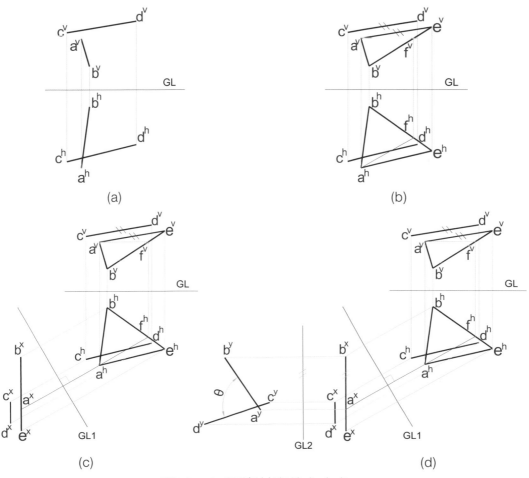

圖12.10 兩複斜直線之夾角

12.3.6 兩直線之公垂線

　　兩直線之公垂線，係指同時垂直於兩直線的線段，任意兩直線之公垂線可有無數條，其中與兩直線均相交之公垂線，其長度即為兩直線之最短距離。欲求此公垂線，可利用副投影法，當有一直線之副投影呈現端視圖時，公垂線呈實長，故公垂線與另一直線之投影呈垂直，可過端視圖作垂線與另一直線相交，即得公垂線之投影，步驟如下：

1. 如圖12.11(a)，已知兩直線之投影。

2. 如圖12.11(b)，作副基線GL1與$a^h b^h$平行，求作兩線之第一副投影，則AB之副投影$a^x b^x$呈現實長。

3. 如圖12.11(c)，於適當處作副基線GL2與$a^x b^x$垂直，作圖得第二副投影，其中AB直線呈現端視圖。

4. 如圖12.11(d)，過端視圖向$c^y d^y$作垂線得e^y，過e^y作投影得e^x，過e^x向$a^x b^x$作垂線得f^x，$e^x f^x$即為公垂線之第一副投影，反向回作投影得$e^h f^h$與$e^v f^v$。

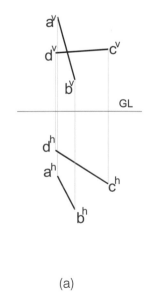

(a)

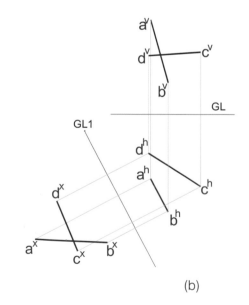

(b)

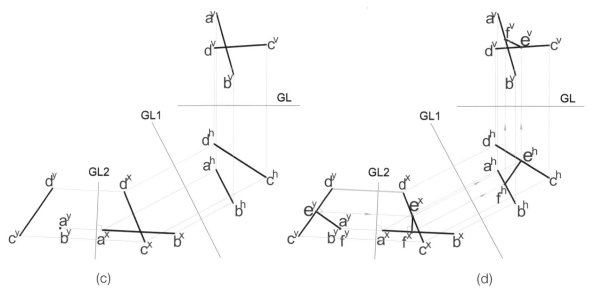

圖12.11　兩直線之公垂線

12.4 直線與平面之關係

12.4.1 直線在平面上

　　直線若在平面上，則其投影必在該平面之投影視圖上，如圖12.12(a)所示。若DE直線位於平面上，已知直線之直立投影，欲求其水平投影，其步驟如下：

　　如圖12.12(b)所示，延長直線之直立投影$d^v e^v$與平面相交於f^v、g^v，過兩交點引垂線與平面之水平投影交於f^h、g^h，連接f^h、g^h得FG之水平投影，過d^v、e^v引垂線與FG之水平投影相交得d^h、e^h，即得直線DE之水平投影$d^h e^h$。

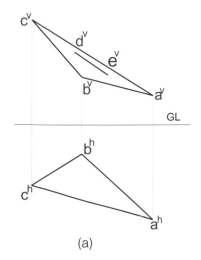

(a)

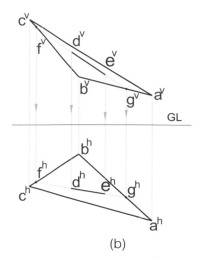

(b)

圖12.12　直線在平面上

12.4.2 直線與平面平行

　　直線若與平面上之任一直線平行，則直線即與該平面平行。若欲過已知點D作平面之平行線，可過點D作與平面任一邊平行的直線即可，如圖12.13所示，作DE與平面之AB邊平行。

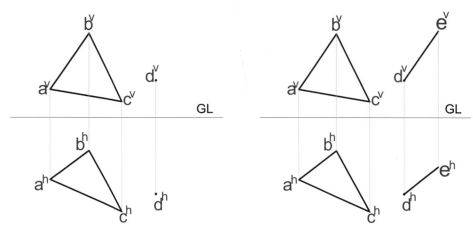

圖12.13　過點D作直線與平面平行

　　已知直線EF與平面ABC之投影，判斷兩者是否平行之步驟如下：

　　如圖12.14，於水平投影作平面上之任一直線$c^h d^h$與$e^h f^h$平行，過$c^h d^h$引垂線與平面之直立投影交於$c^v d^v$，若$c^v d^v$與直線EF之直立投影$e^v f^v$平行，則直線EF與平面平行，反之則否。

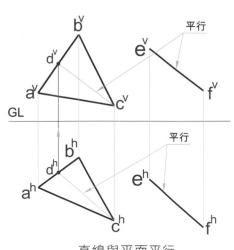

直線與平面平行

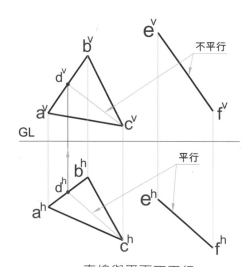

直線與平面不平行

圖12.14　判斷直線是否與平面平行

12.4.3　直線與平面垂直

　　直線若與平面上之任兩相交直線垂直，則直線即與該平面垂直，若欲過已知點作平面之垂線，則可過點作與平面之任兩線(兩線不平行)垂直的直線即為所求，如圖12.15所示，其步驟如下：

1. 如圖12.15(a)，已知點E與平面ABC。

2. 如圖12.15(b)，作平面之任一水平主線AD。

3. 如圖12.15(c)，作平面之任一直立主線BG。

4. 如圖12.15(d)，過e^h作直線$e^h f^h$垂直於水平主線，過e^v作直線$e^v f^v$垂直於直立主線，直線EF即得所求。

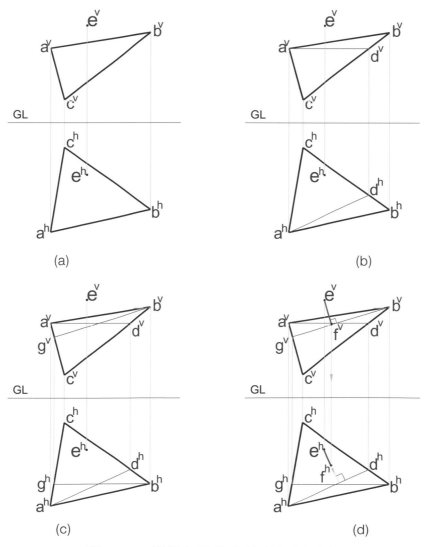

圖12.15　過已知點作直線與平面垂直

12.4.4 直線與平面相交

12.4.4.1 邊視圖法求直線與平面之交點

　　直線與平面相交之交點稱之為直線對平面之貫穿點，貫穿點為兩者之交集，故其投影必同時位於兩者投影之重疊範圍內。若平面之投影呈邊視圖，則貫穿點必位於平面邊視圖與直線投影之交點處，如圖12.16所示，得貫穿點水平投影f^h，過f^h引垂線與直線之直立投影相交，得貫穿點直立投影f^v，f^v須位於平面之直立投影範圍內，否則表示空間的直線與平面並未相交。

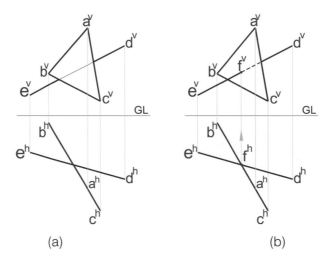

(a)　　　　　　　　　　　(b)

圖12.16　求直線與平面相交之貫穿點

　　若平面未呈現邊視圖，則可作輔助投影，使平面之輔助投影呈邊視圖，再求其貫穿點，如圖12.17所示。

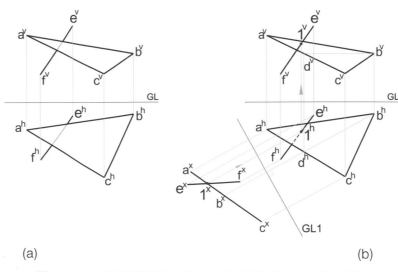

(a)　　　　　　　　　　　(b)

圖12.17　輔助視圖法求直線與平面相交之貫穿點

12.4.4.2 割平面法求直線與平面之交點

如圖12.18(a)，已知直線與平面之投影，割平面法求交點如下：

1. 如圖12.18(b)，通過直線DE作一與H面垂直之假想割平面，則割平面之邊視圖與$d^h e^h$重疊，割平面與平面之AB邊相交於m^h，與BC邊相交於n^h，將m^h、n^h投影至直立投影得m^v、n^v，連接m^v、n^v與直線相交於f^v，即得貫穿點之直立投影。

2. 如圖12.18(c)，過f^v作垂直投影即得貫穿點之水平投影f^h，作直線與平面投影重疊區之虛實線判斷（請參考8.4節）。

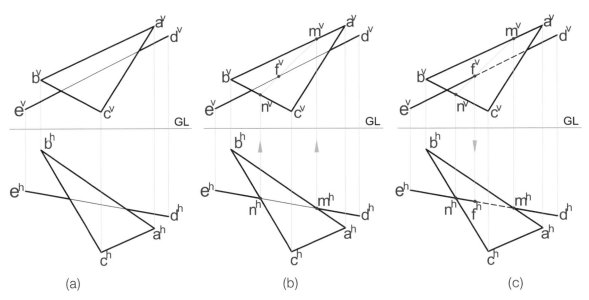

(a)   (b)   (c)

圖12.18 割平面法求直線與平面相交之交點

12.4.5 直線與平面之夾角

當平面之投影呈邊視圖，且直線之投影呈現實長時，兩者之夾角即可呈現實角，其求作方法有多種，分述如下。

>>>> 輔助投影法

如圖12.19(a)已知直線與平面之投影，求兩者之夾角步驟如下：

1. 如圖12.19(b)，作第一輔助投影，求平面之邊視圖及直線之投影，得直線對平面之穿點O。

2. 如圖12.19(c)，以O為中心旋轉法求直線之實長。

3. 如圖12.19(d)，以O為中心旋轉直線至與輔助投影面平行，旋轉時保持直線與平面ABC之夾角不變，故直線端點之輔助投影與平面之邊視圖距離保持不變，以O^x為中心、$o^v d_1^v$長為半徑畫弧，交過d^x作邊視圖之平行線於d_1^x，同法可得e_1^x，連接$d_1^x e_1^x$之直線與邊視圖之夾角即為直線與平面之實角。

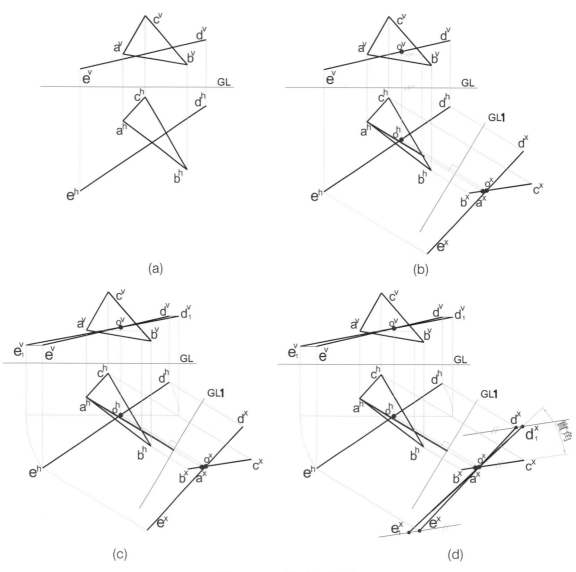

(a)　　　　　　　　　　　　　　(b)

(c)　　　　　　　　　　　　　　(d)

圖12.19　輔助投影法

》》》》 餘角法

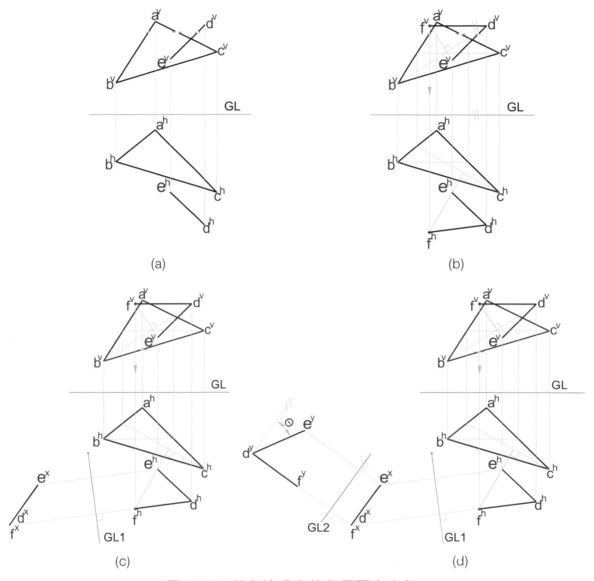

圖12.20 餘角法求直線與平面之夾角

此法為過已知直線上任一點作平面之垂線，該垂線與直線夾角之餘角即為所求，其求作步驟如下：

1. 如圖12.20(a)，已知平面ABC及直線DE之投影。

2. 如圖12.20(b)，作平面ABC之一水平主線及直立主線，過e^h作直線垂直於水平主線，過e^v作直線垂直於直立主線，與過點D作水平主線得交點F，EF垂直於平面ABC。

3. 如圖12.20(c)，於適當處作副基線GL1與$d^h f^h$垂直，作圖得平面DEF之邊
視圖。

4. 如圖12.20(d)，作第二副投影得平面DEF之實形，兩相交直線夾角之餘
角 θ 即為所求。

12.5 兩平面間之關係

12.5.1 兩平面互相平行

若一平面上存在兩相交直線與另一平面之兩相交直線兩兩平行，則此兩平
面互相平行。如圖12.21所示，兩平面之副投影同時呈現邊視圖且互相平行，可
知兩平面互相平行。

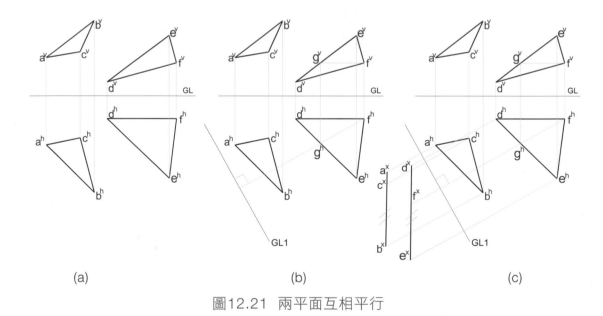

(a)   (b)   (c)

圖12.21　兩平面互相平行

設已知平面ABC及點D之投影，欲過點D作一平面與平面ABC平行之步驟如
下：

如圖12.22所示，過點D作兩線DE及DF 平行於平面ABC任兩邊，則平面
DEF即與平面ABC互相平行。

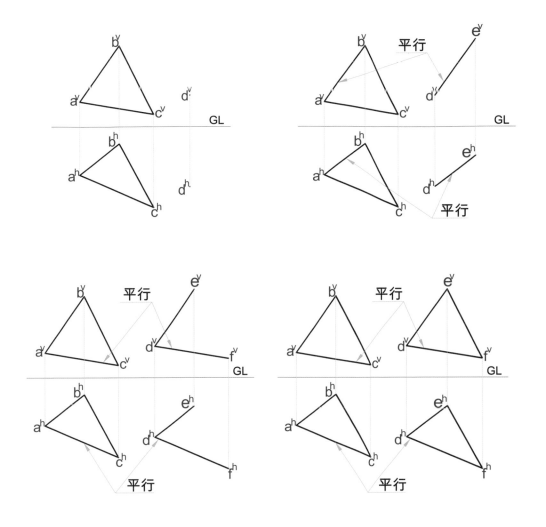

圖12.22 過點D作一平面與平面ABC平行

12.5.2 兩平面相交

　　兩平面若相交，其相交處為一線段，若能求得該線段的兩端點，即可求得兩平面之交線，而端點必定位於一平面的邊對另一平面的貫穿點，因此求交線的方法與求直線對平面貫穿點的方法相同，有邊視圖法與切割平面法兩種：

>>>> 邊視圖法

1. 若平面未呈現邊視圖，則可作輔助視圖，選擇任一平面求作其邊視圖，如圖12.23(b)之平面ABC（請參考圖12.17步驟）。

2. 如圖12.23(c)，平面DEF之邊交平面ABC之邊視圖於1、2，將1、2投影至水平投影與直立投影。

3. 如圖12.23(d)，作直線與平面投影重疊部分之虛實線判斷。

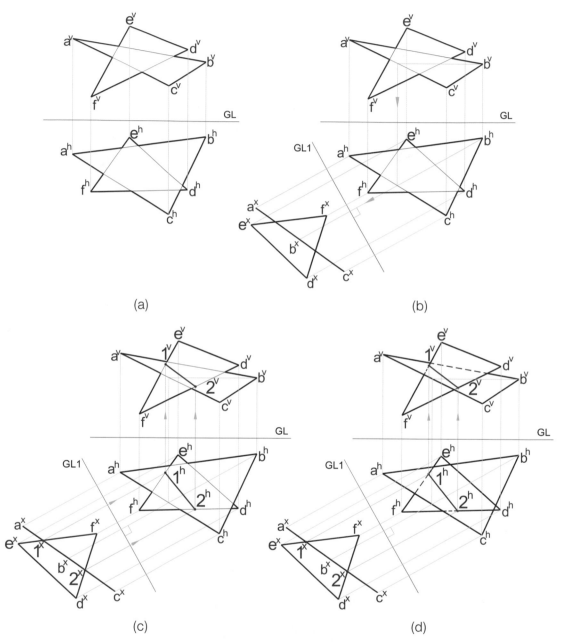

圖12.23　邊視圖法求兩平面相交之交線

》》》割平面法

　　以前述之割平面法分別求一平面之各稜對另一平面之交點，如圖12.24，若平面相交必可找到兩交點，對不可能有交點之稜先行篩除，例如$a^h\,b^h$未與DEF平面之水平投影重疊，故不可能有交點。

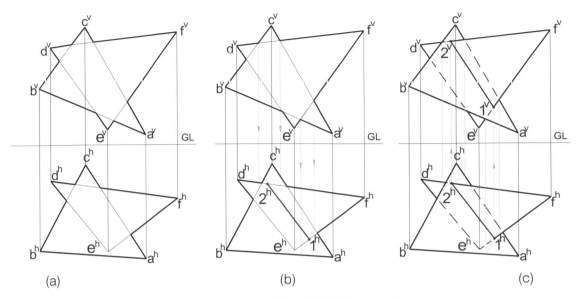

圖12.24 割平面法求兩平面之交線

12.5.3 兩平面互相垂直

若一平面上存在一直線垂直於另一平面,則此兩平面互相垂直,此幾何性質為求解兩平面互相垂直問題的依據。

如圖12.25(a),設已知平面ABC及直線EK之投影,欲過直線EK作一平面與ABC垂直之步驟如下:

1. 如圖12.25(b),可過E點作與平面任兩相交直線垂直的直線。如12.4.3節所述,先作平面ABC之一水平主線AD及一直立主線BG。

2. 如圖12.25(c) ,過e^v作直線$e^v f^v$垂直於直立主線,過e^h作直線$e^h f^h$垂直於水平主線,直線EF即得所求之垂線。

3. 如圖12.25(d),連接FK得平面EFK,即與平面ABC互相垂直。

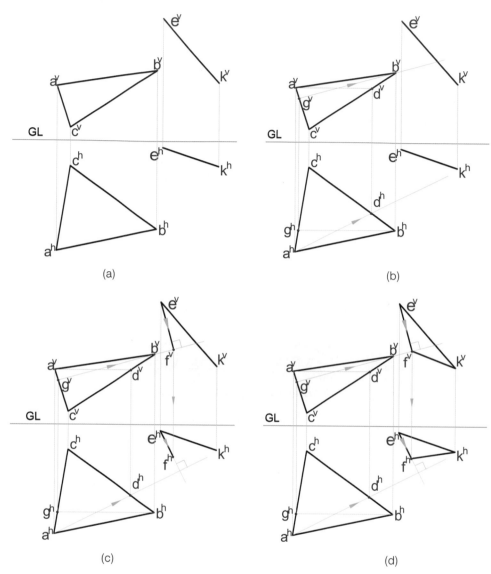

(a)

(b)

(c)

(d)

圖12.25 過直線EK作一平面與ABC垂直

12.5.4 兩平面之夾角

　　兩相交之平面若同時呈現邊視圖，則兩邊視圖之夾角即呈現兩相交平面夾角之實角，副投影面若與兩平面之交線垂直，則副投影面即同時與兩平面垂直，兩平面之副投影皆呈現邊視圖。求作圖12.26(a)兩相交平面夾角之步驟如下：

1. 如圖12.26(b)，作副基線GL1與$b^h c^h$平行，求作副投影，得BC之實長 $b^x c^x$。

2. 如圖12.26(c)，作副基線GL2與$b^v c^v$垂直，求作第二副投影，得BC之端 視圖及兩平面之邊視圖，兩邊視圖之夾角即為所求。

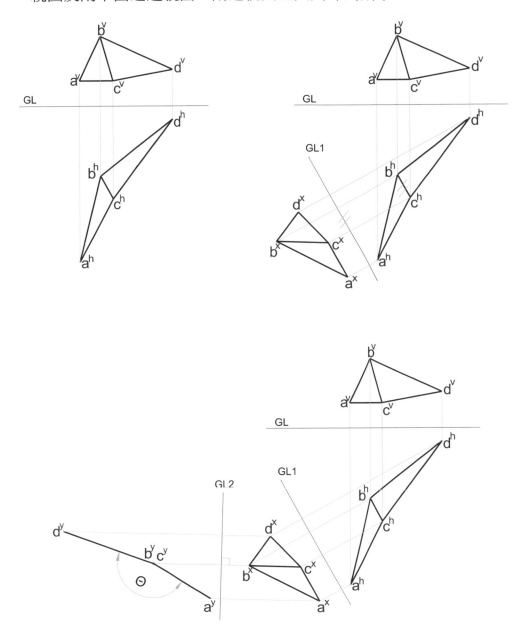

圖12.26 求兩平面之夾角

本章習題

1. 求下列各題點 C 與直線間之距離。

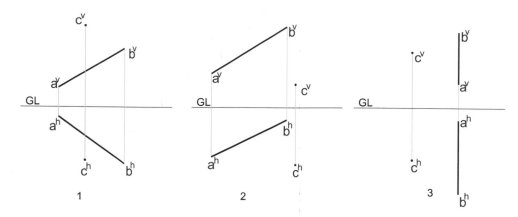

1   2   3

2. 求下列各題點 D 與平面間之距離。

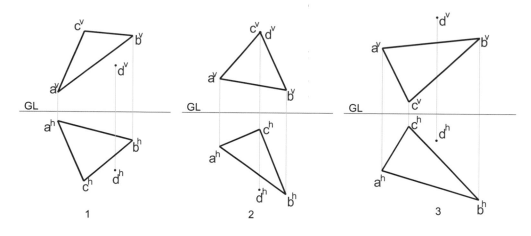

1   2   3

3. 求下列各題兩直線之公垂線。

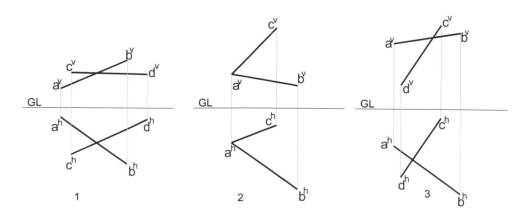

1   2   3

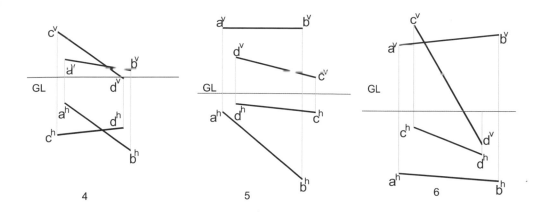

4. 求下列各題直線與平面之交點。

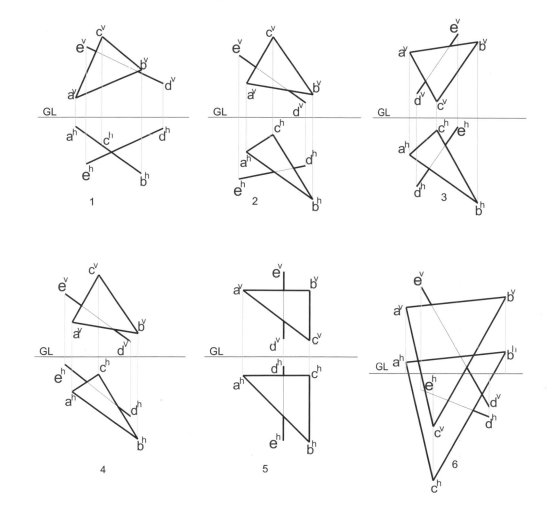

5. 求下列各題兩平面間之交線。

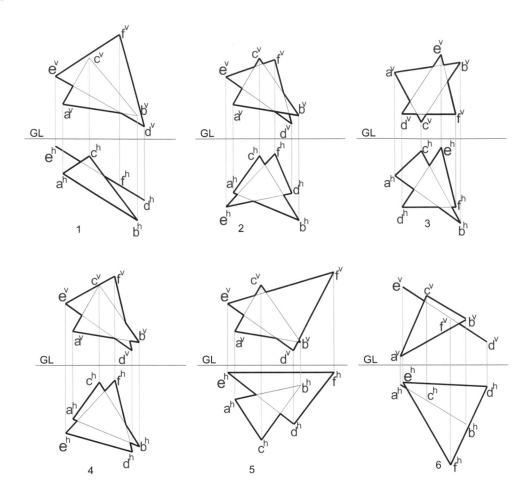

6. 求下列各題兩平面間之夾角。

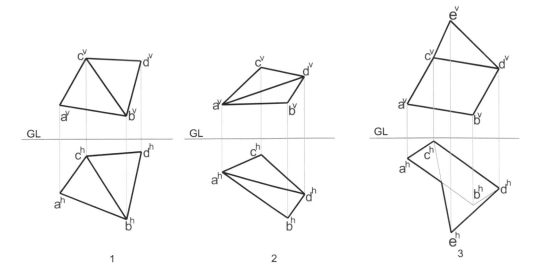

Chapter *13*

正投影

工程上常需透過工程圖傳達各種設計與製造的意念，圖學是工程界的一種溝通語言，因此是工程科系學生必修的課程。學習圖學的主要目的在於具備識圖與繪圖的能力，而繪圖的主要目的在於學習如何在2D平面圖紙上表達3D的實體，反之，識圖的目的則在於將2D平面圖紙上的圖形還原想像出3D的實體。而2D與3D之間的轉換必須遵循一定的投影法則，否則對同一物體如有不同的畫法，必然造成解讀的不同，設計人員的理念就無法正確的傳達給相關的人員。2D與3D之間的轉換法則中，正投影原理是最常被採用的方法，受過工程圖訓練的人員，不僅能繪製正投影圖，也能解讀他人所繪之工程圖樣。

研讀本章前請讀者複習第六章。

13.1 正投影

如第六章所述，正投影為平行投影的一種，乃假想觀察者站在無窮遠處看物體，投影線彼此平行且垂直於投影面，即觀測的視線垂直於投影面，其繪製原理係由物體上各點直接向投影面作垂線投射，並用線條描繪出形狀，此種方法稱之為正投影畫法。

如圖13.1所示，若將一直立之投影面置於物體正前方作投影，所得的投影圖有如人站在物體正前方所看到的圖像，因此，此視圖稱之為前視圖。

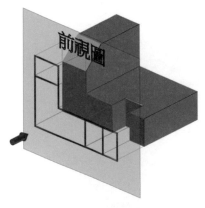

圖13.1 直立面之投影

然而，如圖13.2所示，三物體形狀不同，但其前視圖則皆相同，即視圖無法顯現與投影面垂直之形狀或大小。欲完全表達一物體之形狀需從不同方向觀察，也就是說需作不同方向之投影。

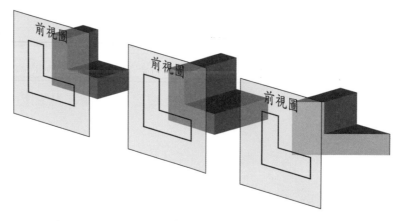

圖13.2 不同物體有相同之前視圖

如圖13.3所示，若將一水平平面置於物體的正上方，此平面稱為水平投影面。作物體在此水平面之投影，所得的投影圖有如人站在物體正上方向下所看到的圖像，因此，此視圖稱之為俯視圖。

同理，如圖13.4所示，若將一投影面置於物體的正右方，此平面稱之為右側投影面。經投影後，在右側投影面上所得之視圖稱為右側視圖，有如人站在物體的正右方所看到的圖像。

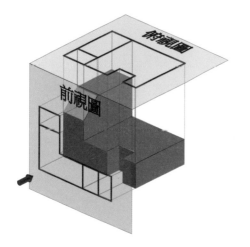

圖13.3 水平面之投影

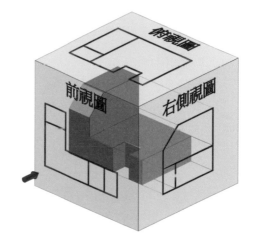

圖13.4 右側平面之投影

在圖13.5中，若垂直投影面維持不動，將水平、右側投影面各以與垂直投影面之交界線為轉軸，旋轉至與垂直投影面同平面，則物體之三個視圖在同一平面上，如圖13.6所示，可由三個視圖之對應關係完全表達物體之大小與形狀，利用上述之多視圖畫法所繪之圖形稱之為正投影視圖。

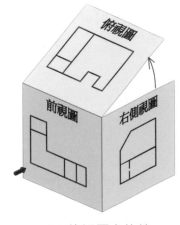

(a) 俯視圖之旋轉

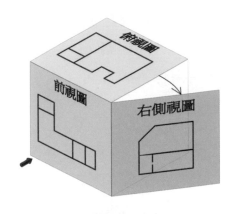

(b) 右視圖之旋轉

圖13.5　俯視圖及右視圖之旋轉

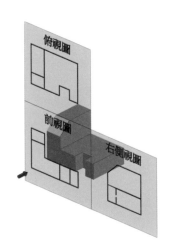

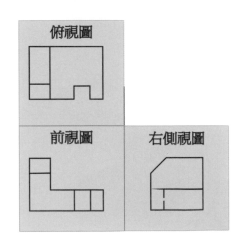

圖13.6　三個視圖旋轉至共平面

13.2 第一象限之正投影

第一象限正投影法又稱第一角投影法，簡稱第一角法。係把物體置於第一象限內作投影，如圖13.7所示，同時不論從任何方向作正投影，投影面皆置於物體之後面，即形成觀察者（視點）→物體→投影面的順序，也就是說物體介於投影面與觀察者之間。

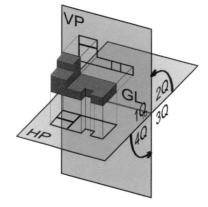

圖13.7第一角投影法--置物體於第一象限

歐洲地區盛行採用第一角法，又稱歐式投影制。若放置三個主要投影面作投影，即直立投影面、水平投影面及側投影面，如圖13.8(a)，按正投影原理投影完成之後，以直立投影面為基準將水平投影面、右側投影面各以與直立面之交接線為轉軸向外旋轉，使三個視圖展平在同一平面上，三個視圖間之相對位置如圖13.8(b)。

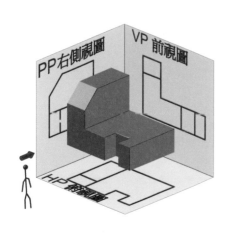

(a)

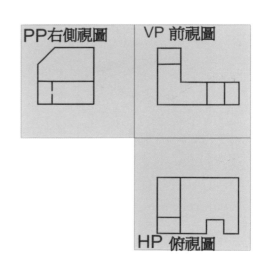

(b)

圖13.8 第一角投影法

13.3 第三象限之正投影

第三象限正投影法又稱第三角投影法，簡稱第三角法。係把物體置於第三象限內作投影，如圖13.9所示，同時不論從任何方向作正投影，投影面皆置於物體之前面，即形成觀察者（視點）—投影面—物體的順序，也就是說投影面介於物體與觀察者之間。

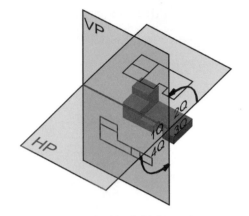

圖13.9 置物體於第三象限

第三角投影法由美國率先採用，盛行於美洲地區，又稱美式投影制。若放置三個主要投影面作投影，即直立投影面、水平投影面及側投影面，如圖13.10(a)所示，按正投影原理投影完成，之後以直立投影面為基準，將水平投影面、右側投影面各以與直立面之交接線為轉軸向外旋轉，使三個視圖展平在同一平面上，三個視圖間之相對位置如圖13.10(b)。

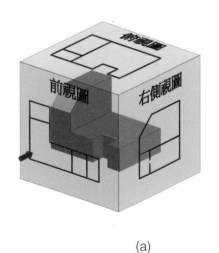

(a)

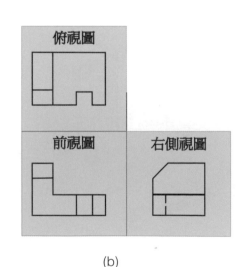

(b)

圖13.10 第三角投影法

13.4 正投影之主要視圖

吾人可假想一透明之方箱，方箱之每一面當作投影面，將物體置於箱內作投影，如圖13.11所示，如此可得六個視圖，相當於觀察者站於箱外六個方向所見之形狀，觀察之六個方向有前方、後方、上方、下方、左側方及右側方，對應之視圖分別稱之為前視圖、後視圖、俯視圖、仰視圖、左視圖及右視圖。不論第一角法或第三角法投影，皆以前視圖之投影面為基準，將其他視圖以此平面為軸旋轉展平，如圖13.11所示，如此可使六個視圖在同一平面。第一角法及第三角法展平後之各視圖相對位置如圖13.11與13.12所示。

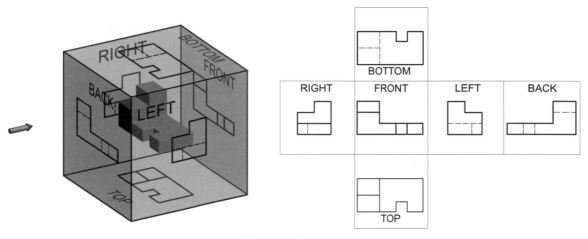

圖13.11 第一角法六個主要視圖

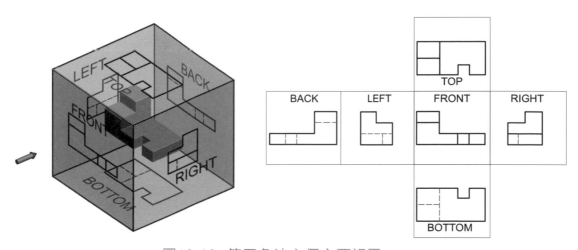

圖13.12 第三角法六個主要視圖

13.5 第一角投影法與第三角投影法之比較

13.5.1 第一角與第三角投影法之差異

》》》 觀察者、投影面、物體的順序不同：

第一角投影法係假想物體放置於第一象限作投影，第三角投影法則將物體放置於第三象限作投影，因此第一角投影法形成觀察者（視點）→物體→投影面的順序，而第三角投影法則形成觀察者（視點）→投影面→物體的順序，如圖13.13(a)與13.13(b)所示。

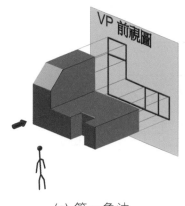

(a) 第一角法

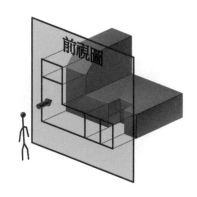

(b) 第三角法

圖13.13 觀察者、投影面、物體之順序不同

》》》 視圖排列之相關位置不同：

六個主要視圖之展開雖皆以前視圖為基準，將其他視圖旋轉展平，但如圖13.14與13.15所示，兩者視圖之排列位置不同，第三角投影法之俯視圖在前視圖的上方，第一角投影法之俯視圖則在前視圖之下方，第三角投影法之右側視圖在前視圖的右方，第一角投影法之右視圖則在前視圖的左側。

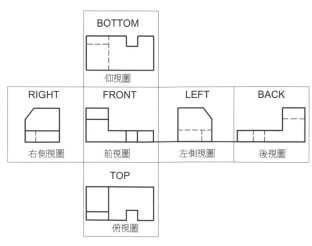

圖13.14 第一角投影法之視圖排列

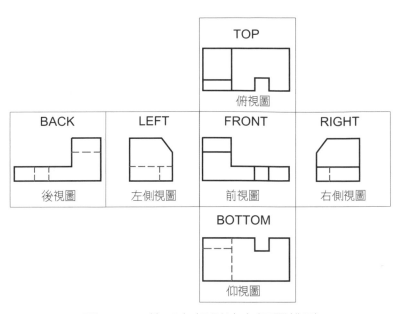

圖13.15　第三角投影法之視圖排列

>>> 投影符號不同：

　　根據CNS的規定，同一張圖必須採用同一種投影法，不可兩種投影法混合使用，繪圖時，須於工程圖之標題欄或適當位置以文字或符號註明使用之投影法，CNS規定的符號如圖13.16所示，符號中h 為標註尺度數字之字高，符號輪廓粗細以尺度數字之粗細為原則。

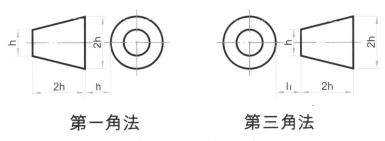

第一角法　　　　　**第三角法**

圖13.16　投影符號

13.5.2 第一角與第三角投影法表現效果之比較

　　如圖13.17，繪局部視圖時，第三角法繪於靠近對應之視圖處，讀圖較容易，第一角則繪於離對應之視圖較遠處，讀圖較不易。

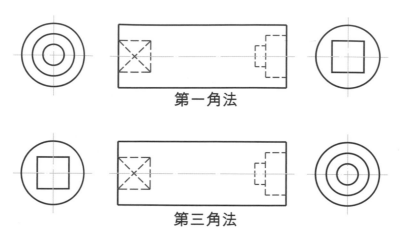

圖13.17　第一、三角法其視圖擺放位置不同

　　如圖13.18，第三角投影法之尺度標註較集中於視圖間，因此較容易發現對應之尺度標註。

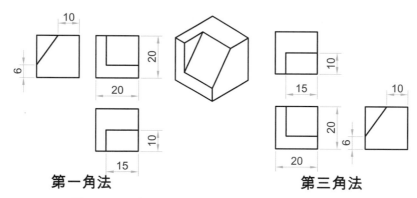

圖13.18　第一角法與第三角法標註之比較

13.6 視圖之組合

　　依投影箱原理，可得六個主要視圖，但前後、左右、上下之視圖外形相同，僅部份線條有虛實線的差別，繪製工程圖時，只要能將物體之形狀表達清楚即可，畫過多之視圖不但費時且造成讀圖的不便，故前後、左右、上下之視圖各刪除一個視圖仍然能將物體之形狀完全表達清楚，如圖13.19所示，最常採用前視圖、俯視圖、右側視圖之組合，俗稱三視圖。

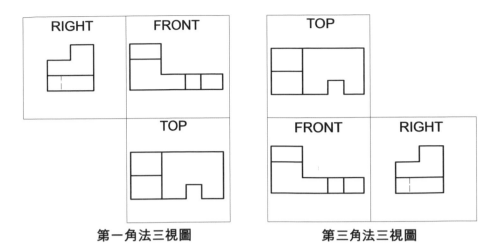

第一角法三視圖　　　　　　　　第三角法三視圖

圖13.19三視圖

　　如圖13.20所示，若左側視圖之虛線較少或視圖較清晰，則用左側視圖取代右側視圖，俯視圖與仰視圖之選擇原則亦同。

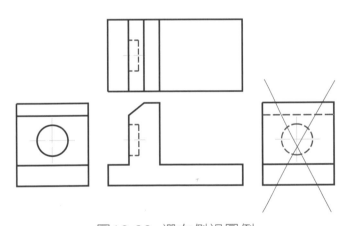

圖13.20　選左側視圖例

　　視圖之排列須上下對齊、水平方向左右亦須對齊，如圖13.21所示，為初學者常犯的錯誤排列情況。

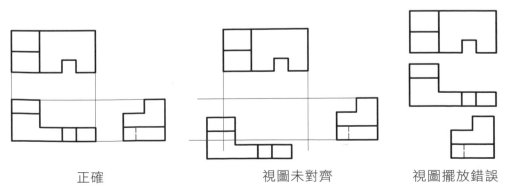

正確　　　　　　　　視圖未對齊　　　　　　視圖擺放錯誤

圖13.21　常犯之第三角法視圖排列錯誤情況

13.7 視圖之選擇原則

對於構造簡單或對稱之物體，可用一個或兩個視圖即可將物體之形狀表達清楚。簡單之薄板、圓柱體、球體僅需用一個視圖，如圖13.22，並於尺度標註時加註厚度（t）、直徑（ϕ）等。

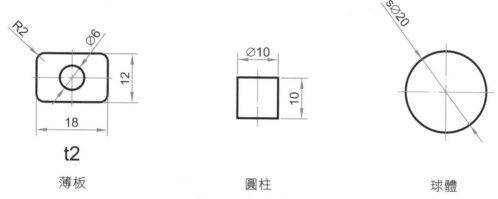

| 薄板 | 圓柱 | 球體 |

圖13.22　物體之視圖選擇

對構造簡單或對稱之物體，可用兩視圖即可將物體之形狀表達清楚，如圖13.23所示，13.23(a)可刪除俯視圖，13.23(b)可刪除右視圖。

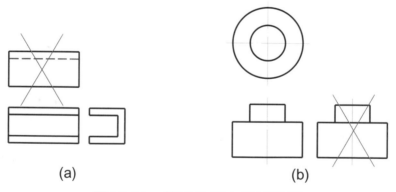

(a)　　　　　　　　(b)

圖13.23　簡單物體之視圖選擇

省略視圖時須有正確的選擇，如圖13.23(a)所示之物體省略俯視圖，物體之形狀仍可完全表達清楚。若省略右側視圖並保留前視圖與俯視圖，如圖13.24所示，將導致如(a)、(b)、(c)、(d)等皆為其可能之右側視圖，故需小心為之。

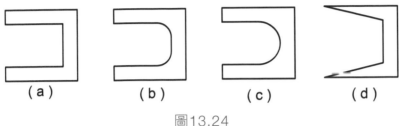

（a）　　　　（b）　　　　（c）　　　　（d）

圖13.24

　　物體置於投影箱之方位會影響視圖表達的效果，選擇理想的前視圖方向，方能得到好的視圖組合，歸納視圖選擇的原則如下：

1. 平行或垂直方向：物體之主要面需與投影面平行，如圖13.25所示。

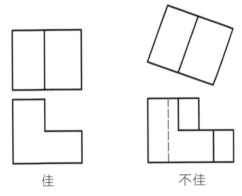

佳　　　　　　　　　不佳

圖13.25　物體置於平行或垂直方向

2. 自然位置原則：物體應以其自然或習慣位置作投影，如圖13.26，(a)為物體之自然位置，(b)為其倒置視圖，易產生讀圖之困擾。

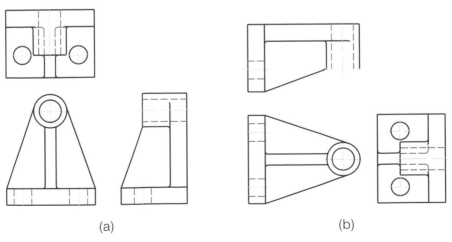

（a）　　　　　　　　　　　（b）

圖13.26　自然位置原則

3. 表現特徵原則：最能表現物體特徵且最易辨讀者置於前視圖，如圖13.27。

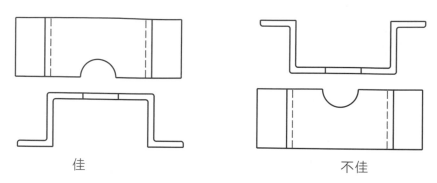

佳 　　　　　　　　　　　　不佳

圖13.27　表現物體特徵原則

4. 避免虛線原則：如圖13.28之視圖組合可得最少之虛線，決定前視圖方向後，其他視圖之選擇以虛線較少者為佳，如圖13.28所示，若兩視圖之虛線相當，則習慣選擇右側視圖與俯視圖。

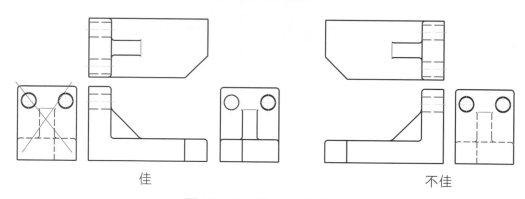

佳 　　　　　　　　　　　　不佳

圖13.28　避免虛線原則

5. 符合機件加工程序之方位原則：如圖13.29，係經切削加工而成，因此視圖須與工件挾持於機臺上加工之方向一致。

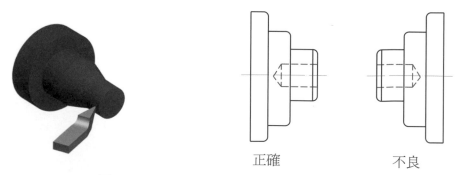

正確 　　　　　　不良

圖13.29　符合機件加工程序之方位原則

13.8 視圖位置之變換

如前所述，依據正投影原理繪製三視圖時，各視圖之排列位置有一定的規則，但若物體之形狀細長，投影展開後，如圖13.30(a)所示，視圖之排列會變得細長，影響圖面之佈置與美觀，此時可採用第二位置視圖排列法，其原理為右側視圖以與俯視圖之間的交界線（副基線）為軸旋轉展平，置於俯視圖之側面，如圖13.30(b)所示，較美觀且節省空間。

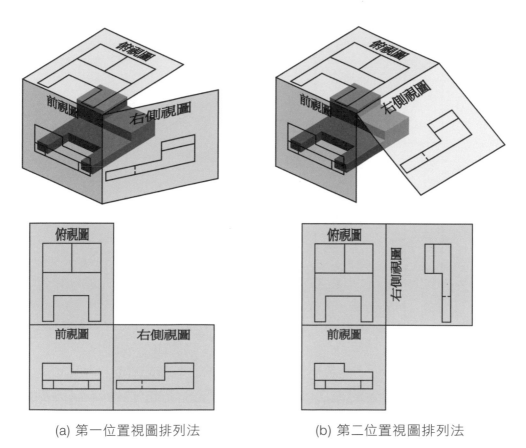

(a) 第一位置視圖排列法　　　　　　　　(b) 第二位置視圖排列法

圖13.30　視圖位置之變換

13.9 線條之意義與優先順序

在正投影視圖中，以線條表現物體之輪廓外型，若由觀察的方向可見該輪廓外型，則以粗實線表示。位於內部之輪廓或由觀察的方向無法看到之輪廓，則以虛線表示。表示物體輪廓的線條可能代表不同的意義，線條的意義分成三種：

1. **面的邊視圖**：若一平面（或曲面）與投影面垂直，則其投影成為一直線（或一曲線），稱此線為面之邊視圖，如圖13.31中線上有小點記號者。

2. **面的交線**：平面或曲面之間的交線，如圖中線上有小圓圈記號者。

3. **面的極限**：圓滑曲面本身無線，在曲面最極限的位置亦須用線表示，如圖線上有小三角形記號者。

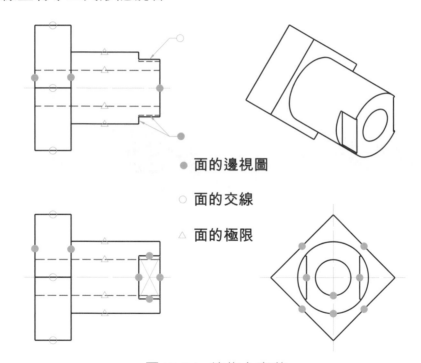

● 面的邊視圖

○ 面的交線

△ 面的極限

圖13.31　線條之意義

視圖中的虛線有一定的畫法，若不正確易導致讀圖的誤解，其要點如下：

1. 虛線的粗細約為實線的一半，線段長約為字高(3mm)，並儘量保持等長，短劃間的間隔約為線段之1/3。

2. 虛線若為實線的延續，須於連接點處先留約1mm再畫出。

3. 數條虛線之端點交於一點時，端點處不留空隙。

4. 兩虛線垂直相交時，端點處不留空隙。

5. 兩虛線若互相平行且非常靠近時，其短劃應錯開畫。

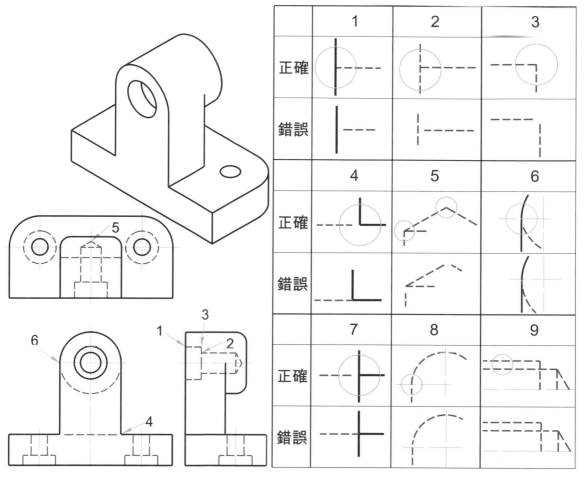

圖13.32　虛線之畫法

　　除了用實線與虛線表示物體輪廓之外，凡是對稱的特徵，例如圓柱、圓孔、圓錐、球體等，須於每一中心位置繪出中心線，定出其對稱中心。如圖13.33(a)所示，中心線為一長劃與一短劃相間之細鏈線，短劃約0.5mm，間隔約1mm，中心線也可畫成圓弧狀，以表示中心圓的位置。如圖13.33(b)、 (c)所示，中心線通常畫超出輪廓線外約3~6 mm，兩視圖間之中心線不可延伸相連，必須中斷，中心線可當延伸線使用，但不可當尺度線使用。

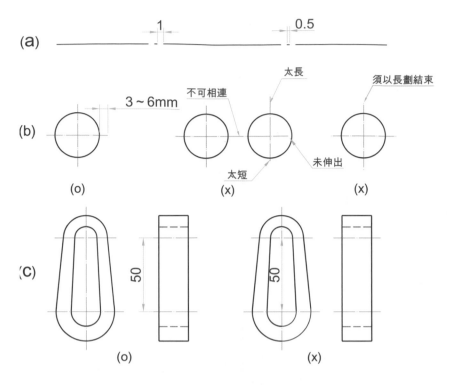

圖13.33 中心線之畫法

13.10 線之優先順序

在視圖中，實線、虛線、中心線常有重疊的現象發生，無法將各種線同時繪出，此時須依線條之重要性決定以何種線條繪出，稱之為線之優先順序。如圖13.34所示，實線用來描述物體可見之輪廓，對物體形狀之描述最為重要，故實線為第一優先，虛線也是用來描述物體形狀，列為第二優先，中心線與割面線重疊時，視讀圖之方便性決定其優先次序，其他各類之線條優先順序如下：

1. 實線。
2. 虛線。
3. 中心線或割面線。
4. 折斷線。
5. 尺度線、尺度界線。
6. 剖面線。

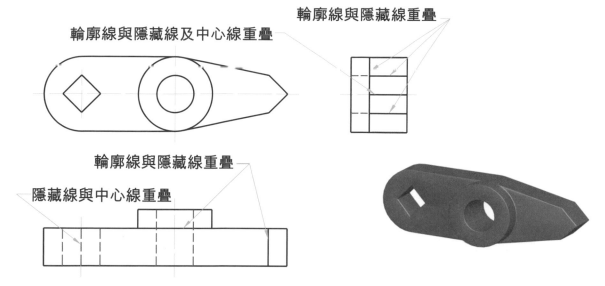

圖13.34 線條之優先順序

13.11 點、線、面之投影

13.11.1 點之投影

　　點的投影是正投影的基礎，瞭解一點在三視圖中的對應關係對繪圖與讀圖皆非常重要。如圖13.35所示，一點的俯視圖與前視圖在同一垂線上，其前視圖與側視圖則在同一水平線上，若選擇一與前視圖平行的基準平面，點的投影與基準平面的距離在俯視圖與側視圖兩者相等，利用這些條件，已知其中兩個視圖可求第三個視圖。有關點投影的基本知識請參考第七章。

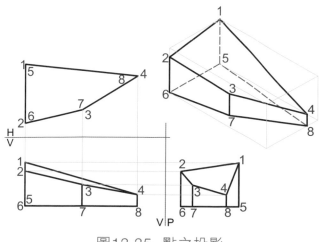

圖13.35 點之投影

13.11.2 線之投影

　　線的投影是點投影的延伸，連接直線兩端點之投影即可得直線之投影，與三個主要投影面之一垂直的直線稱之為正垂線。如圖13.36(a)所示，與直立投影面垂直，其投影呈一點，稱之為端視圖，正垂線在另兩個投影可顯示實長。如圖13.36(b)所示，為正垂線與直立投影面平行。如圖13.36(c)所示，為僅與三個主要投影面之一平行的直線稱之為傾斜線(Inclined Line)，直線與側投影面平行，傾斜於其他兩投影面，其側投影可顯示實長。如圖13.36(d)所示，為直線與三個主要投影面皆不垂直（也不平行）者稱之為歪斜線，在三個主要投影面皆顯示縮小之長度。

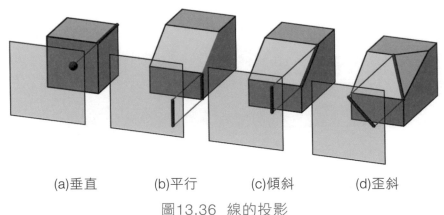

(a)垂直　　　　　(b)平行　　　　　(c)傾斜　　　　　(d)歪斜

圖13.36　線的投影

　　曲線之投影無法以連接其兩端點之投影得之，須在曲線上定若干點，求其個別點之投影，而後以曲線板連接。如圖13.37之曲線，在側視圖呈一圓形，在前視圖呈一直線，可在側視圖作適當之等分，再以求點投影的方法求各點之俯視圖，而後以曲線板連接之，而得其俯視圖。

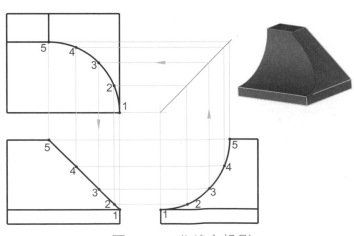

圖13.37　曲線之投影

13.11.3 面之投影

　　當物體之一面若與投影面平行，則其投影呈現實形，此時該面必與其他主投影面垂直，其視圖呈一直線，稱之為邊視圖，如圖13.38(a)之C、D面。當物體之面若與投影面垂直則其視圖呈一直線，在其他視圖呈現縮小的形狀，如圖13.38(a)之B面。當物體之面若與三個主要投影面皆傾斜，則該面在此三個主要投影面之投影皆呈現縮小的形狀，如圖13.38(a)之A面。

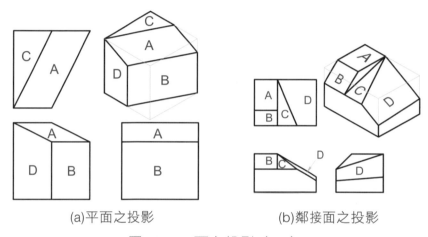

(a)平面之投影　　　　　　　　　(b)鄰接面之投影

圖13.38　面之投影（一）

　　鄰接面：在一視圖中兩相鄰的面其高度或深度必定有所不同，須再從其他視圖方能判讀面之形狀與位置。如圖13.38(b)所示，俯視圖中C周圍有三個鄰接面，A、B及D，從前視圖與側視圖可看出各面之高低關係。如圖13.39所示，已知一俯視圖有A、B兩鄰接面，(a)~(d)皆為其可能之物體形狀。

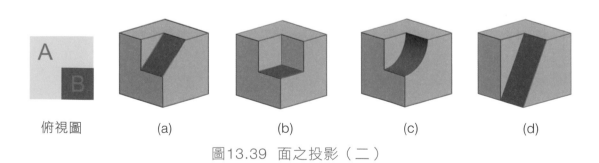

俯視圖　　　　(a)　　　　　　(b)　　　　　　(c)　　　　　　(d)

圖13.39　面之投影（二）

13.12 繪圖程序

繪製三視圖時，須保持視圖間之對應關係，前視圖與側視圖同時呈現物體之高度，兩視圖須水平對齊，任一點之前視圖與側視圖也必須水平對齊。已知一點之前視圖時，可過該點作水平線，其側視圖必在該水平線上。前視圖與俯視圖同時呈現物體之寬度，兩視圖須垂直對齊，任一點之前視圖與俯視圖也必須垂直對齊。已知一點之前視圖時，可過該點作垂直線，其俯視圖必在該垂直線上。

俯視圖與側視圖同時呈現物體之深度，物體的任一點的深度尺寸在俯視圖與側視圖均相同，但深度尺寸無法在俯視圖與側視圖間直接投影，需用移轉的方法，常用的方法如下：

1. 45°反射線法：如圖13.40，過俯視圖與側視圖之相同基準（可取前平面或取後平面）分別作水平線與垂直線相交，過交點作45°傾斜線，過俯視圖各點作水平線投射到斜線上，再轉向垂直向下定出側視圖之位置。反之，如已知側視圖則可反向垂直投射到斜線，再轉向水平投射定出俯視圖之位置。

2. 分規移轉法：如圖13.41所示，利用分規（或有刻度之直尺）直接量度，將深度由一視圖移轉到另一視圖。

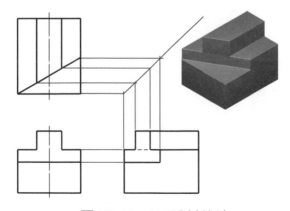

圖13.40 45°反射線法

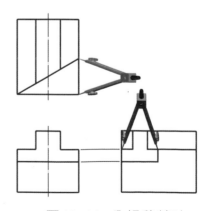

圖13.41 分規移轉法

>>>> 繪圖之步驟

工程圖之繪製須按一定之步驟，以提高繪圖的效率，並避免錯誤的產生。以手工繪製時，三個視圖同時繪製較逐一畫各視圖效率高，但以電腦繪製則逐一畫各視圖效率高，手工繪製之步驟如下：

1. 如圖13.42所示，根據物體的特徵，決定採用前視圖的方向與視圖的類別。

2. 決定視圖的比例大小與佈局。

3. 畫各視圖之中心線、基準線等。

4. 根據步驟三之基準，定出主要點、線的位置，以手工繪製時先繪圓弧再繪直線。

5. 繼續繪各細節部分。

6. 按線條之粗細與類別繪製，擦除不用之製圖線，完成視圖之繪製。

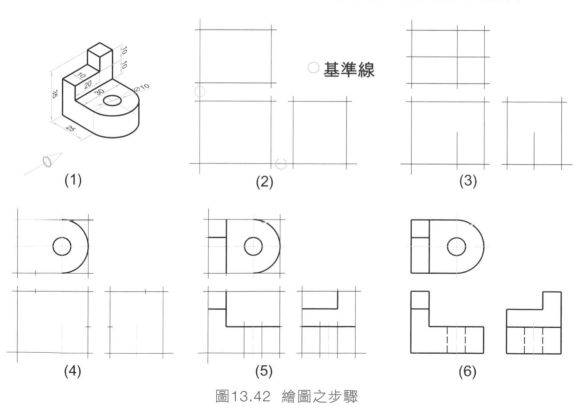

圖13.42 繪圖之步驟

13.13 特殊視圖與習用畫法

為增進讀圖效率與節省繪圖時間，有時不按正投影的原理繪製正投影視圖圖，而採取大家公認的簡化畫法，稱之為習用畫法。

13.13.1 轉正視圖

一般機件中，常出現數個呈等距分布之孔、肋、耳、輻等，若將每個特徵直接投影，將使視圖變得複雜且難懂。習慣上，不論有多少個孔、耳等，皆假想以中心點為軸，將其旋轉到左右兩側且與投影面平行的位置，再行投影即可，如圖13.43所示。

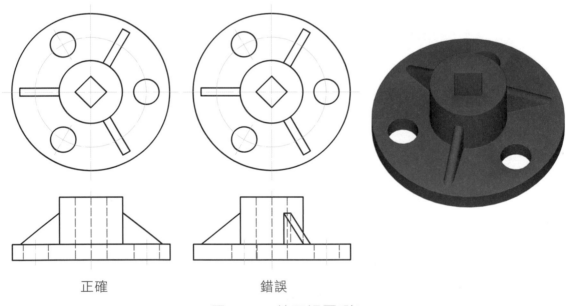

正確　　　　　　　　　錯誤

圖13.43　轉正視圖(肋)

工件上與投影面不平行的部位，可迴轉至與投影面平行再行投影，並於視圖上繪迴轉之輔助線，如圖13.44所示。

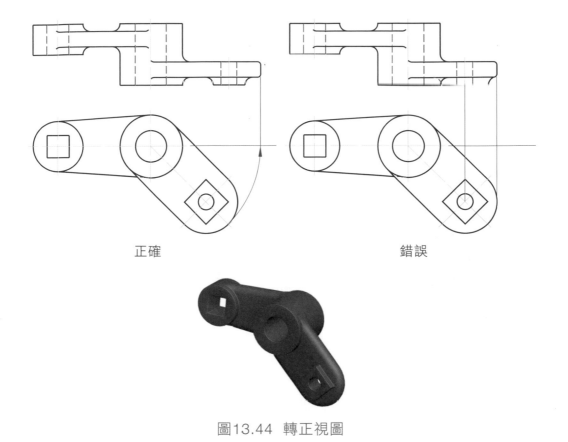

正確   錯誤

圖13.44 轉正視圖

13.13.2 中斷視圖

　　細長的物體，為節省空間或提高繪圖比例，可將其期間形狀無變化部分中斷去除之，以縮短繪圖長度，稱之為中斷視圖，如圖13.45所示，其中斷裂部分以不規則之折斷線繪出。

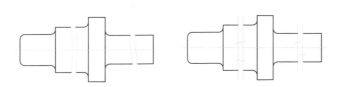

圖13.45 中斷視圖

13.13.3 虛擬視圖

在正投影視圖中，由於省略視圖（如圖13.46(a)所示），或為了表示其他機件之相關位置（如圖13.46(b)所示），而以假想線繪出者稱之為虛擬視圖。

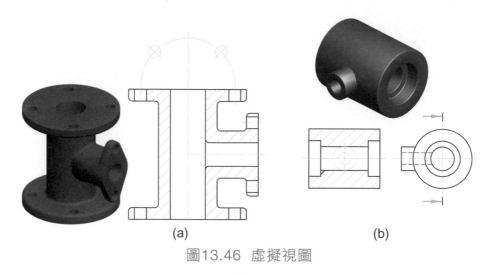

(a)   (b)

圖13.46 虛擬視圖

13.13.4 展開圖

薄板衝壓成型之物件，為了讀圖與配合加工的方便，其中一視圖以正投影繪出，另一視圖以展開圖表視物件未衝壓折彎前之形狀，如圖13.47。

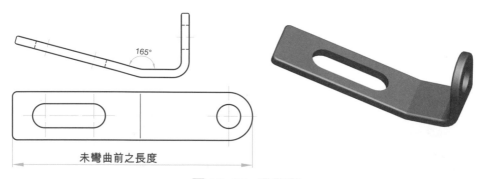

圖13.47 展開圖

13.15.5 半視圖

對於完全對稱之物體，為了節省繪圖空間或繪圖時間，可假想將物體切除對稱之一半後繪其視圖，稱之為半視圖。切除一半後之視圖，須能使其對應視圖呈現完整外型為原則，如圖13.48所示，故剖視圖與非剖視圖保留不同之半視圖。

　　半視圖上亦可在對稱軸之中心線，其兩端以兩條垂直於中心線之細實線標明，其長度等於標註尺度數字字高h，二線相距約為h之三分之一，如圖13.48。

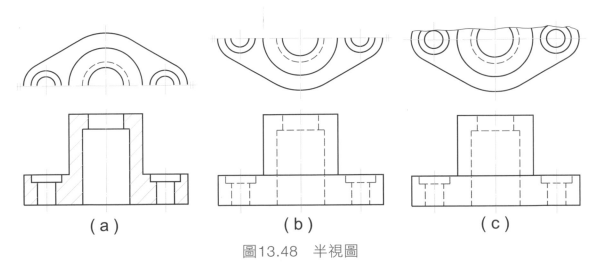

（a）　　　　　　　（b）　　　　　　　（c）

圖13.48　半視圖

13.13.6　局部視圖

　　僅繪出一物體所欲表現之部分或斷裂其他部分之視圖，稱之為局部視圖，如圖13.49所示，局部視圖須依照投影法則投影及展開。

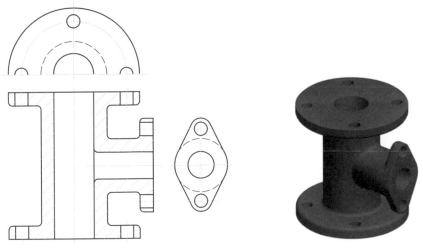

圖13.49　局部視圖（一）

　　局部視圖儘量繪於展開之對應位置，以利讀圖，必要時亦可平移至其他位置，但勿旋轉其方向，且須於投影方向加繪箭頭及文字註明，如圖13.50所示。

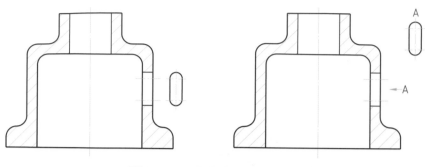

圖13.50 局部視圖（二）

　　局部視圖僅繪出一物體所欲表現之部分，而忽略物體其他部分之存在，如圖13.51(a)所示之物體，其左側視圖與右側視圖皆可採取局部視圖的畫法視圖中若某部位太小，可將該部位畫一細實線圓，在此視圖附近繪出該部位之局部放大視圖，並標註放大比例，如圖13.51(b)。

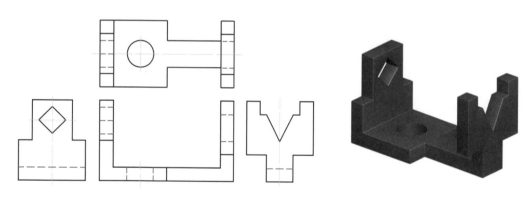

圖13.51(a) 局部視圖（三）

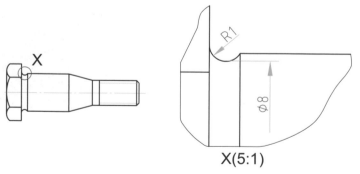

圖13.51(b) 局部視圖（三）

13.14 圓角

大部分之機件，在製造過程中，在其表面之轉角常會去角而製成圓角，如圖13.52(b)所示，其主要目的如下：

1. 減少鑄件冷卻時產生內應力。

2. 使模造件易於退模，或模造過程中原料易於流動。

3. 減少機件外表之銳利邊緣，使易於使用或增加強度等。

(a) 未修圓角　(b) 修圓角　　　　　(c) 內外圓角

圖13.52　圓角

外角去角成弧者稱之為外圓角，內角去角成弧者則稱之為內圓角，如圖13.52(c)所示。

當物件之平面間存在圓角時，線段的結尾端點會變得不明顯，此時尾端常畫成圓弧表示平面間存在圓角，圓弧之半徑與圓角相同，各種不同相交平面間圓角之畫法如圖13.53所示。

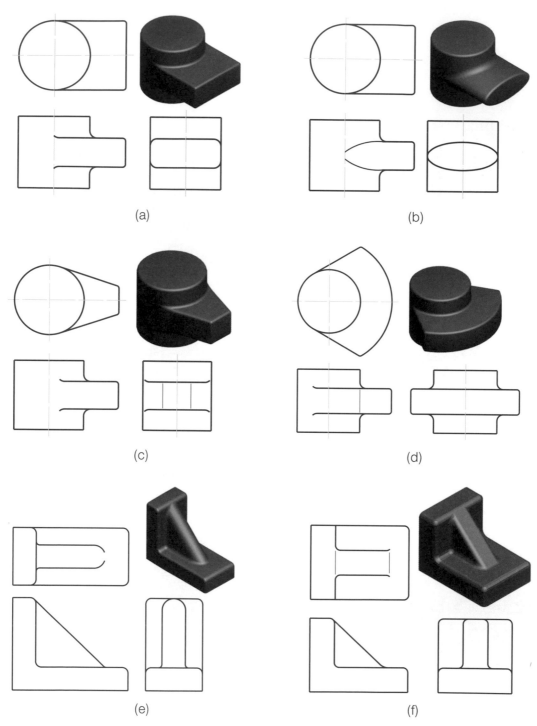

(a)

(b)

(c)

(d)

(e)

(f)

圖13.53

　　圓角半徑小於3mm者，通常可以徒手繪製，大於3mm則以儀器繪製，如圖13.54所示。

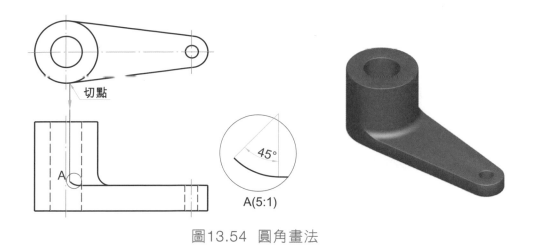

圖13.54　圓角畫法

13.14.1 因圓角而消失之稜線

　　一機件上原來有稜角線，若該處製成圓角，其原來之稜線將變得不明顯，不明顯之稜線仍須在原位置上以細實線繪出，若不明顯之稜線非圓時，細實線之兩端與其他線條間須留約1~2mm空隙，如圖13.55所示。

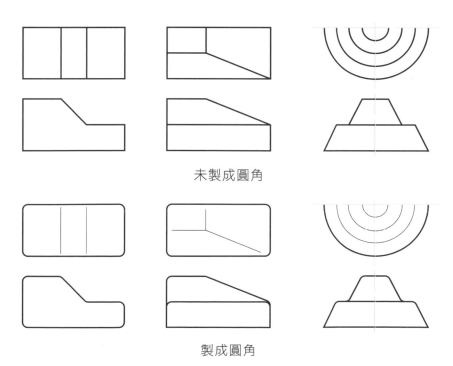

未製成圓角

製成圓角

圖13.55　因圓角而消失之稜線畫法

13.14.2 交線習用畫法

　　兩圓柱相交時，當兩者之半徑差異甚大時，其交線之形狀接近直線，故以直線代之，當兩者之半徑差異不大時，用圓弧表示之，如圖13.56所示。

　　角柱與圓柱相交時，當兩者之大小差異甚大時，其相交範圍小，其交線可省略，各種狀況之畫法如13.57圖所示。

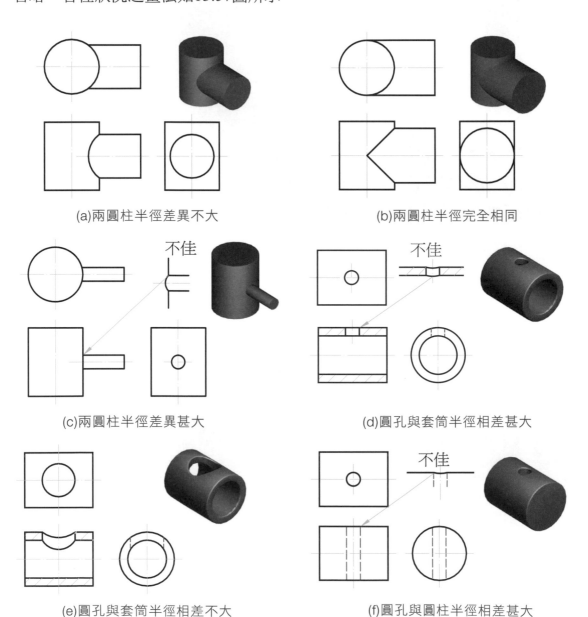

(a)兩圓柱半徑差異不大　　　　　　　　　(b)兩圓柱半徑完全相同

(c)兩圓柱半徑差異甚大　　　　　　　　　(d)圓孔與套筒半徑相差甚大

(e)圓孔與套筒半徑相差不大　　　　　　　(f)圓孔與圓柱半徑相差甚大

圖13.56　兩圓柱相交之交線習用畫法

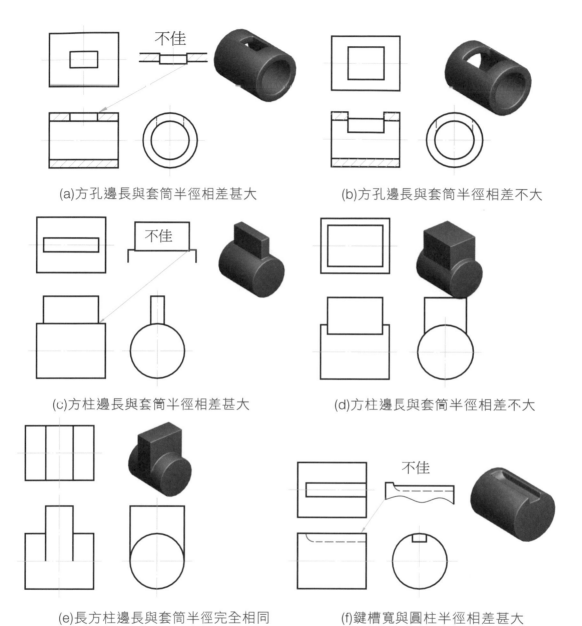

(a)方孔邊長與套筒半徑相差甚大   (b)方孔邊長與套筒半徑相差不大

(c)方柱邊長與套筒半徑相差甚大   (d)方柱邊長與套筒半徑相差不大

(e)長方柱邊長與套筒半徑完全相同   (f)鍵槽寬與圓柱半徑相差甚大

圖13.57 角柱與圓柱相交之交線習用畫法

13.15 視圖之閱讀

如前所述，學習圖學的主要目的在於具備繪圖與讀圖的能力。繪圖的主要目的在於學習如何在2D平面圖紙上表達3D的實體，反之，讀圖的目的則在於將2D平面圖紙上的圖形還原想像出3D的實體。讀圖可說是繪圖的逆向過程，欲培養正確、迅速的讀圖能力，首先須熟悉正投影的原理，點、線、面之投影方法及其對應關係，與各種習慣畫法，並勤加練習。

讀圖練習通常借助於寫生圖以表達所想像出的立體圖形，讀圖時，須綜觀各視圖，找出每一特徵在各視圖之對應關係，腦海裏逐步呈現物體各部份之輪廓。常用讀圖方法如下：

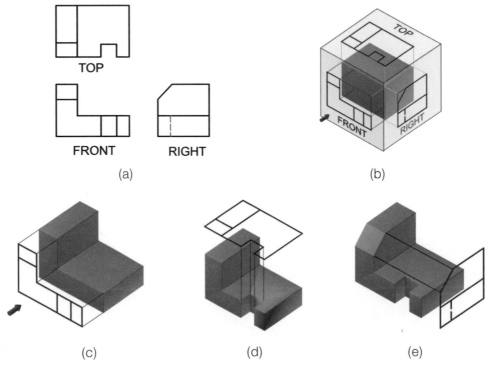

圖13.58 形體分析法閱讀第三角法視圖

>>>> 形體分析法

　　分析各視圖之特徵，進而推敲物體之基本幾何形狀，配合寫生圖逐步建構出立體圖形，寫生圖畫法以等角圖最常用，詳細畫法見第17章。以圖13.58為例，分析視圖後，先繪出恰能包住物體之方盒；由前視圖之特徵知物體由前方看呈L形，故可從前方截去方盒右上角，由俯視圖之特徵知物體有一凹槽，故從俯視方向截去方盒對應之凹槽；由右側視圖知物體有一截切斜角，故可從右側方向截切物體對應之斜角，最後再與原視圖核對印證。

　　如圖13.59所示為形體分析法閱讀第一角法視圖之步驟。

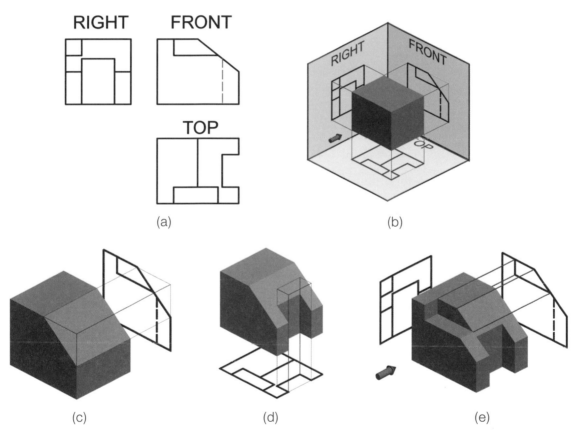

圖13.59　形體分析法閱讀第一角法視圖

>>>> 點線面分析法

　　某些物體不適合以形體分析法分析，此時可採點線面分析法。物體上之一多邊形複斜面，在任一視圖必定呈現同樣邊數的面，且各端點的位置必然在視圖間互相對應。如圖13.60(a)物體之黃色面，六邊形複斜面端點在各視圖的對應關係。

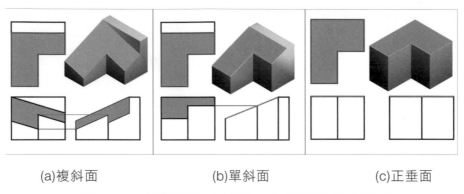

(a)複斜面　　　　　　　(b)單斜面　　　　　　　(c)正垂面

圖13.60　三種平面之端點在各視圖的對應關係

　　如圖13.60(b)所示之黃色面，若物體之一視圖有一多邊形，無法在某一視圖找到對應之多邊形，則此面必然為單斜面，在無法找到對應多邊形的視圖呈現邊視圖，且邊視圖上必須與多邊形各端點有對應點。圖13.60(c)為正垂面，在前視與右側視圖皆呈邊視圖。

　　點線面分析法以圖13.61(a)為例，先繪出恰能包住物體之方盒，並將三個視圖繪於方盒之對應面上，前視圖之面A無法在俯視圖找到對應之形狀，故在俯視圖必然呈現邊視圖，如圖13.61(c)所示，其邊視圖必位於俯視圖之最前緣，因此即可定出面A在空間之位置。如圖13.61(d)所示，同理可定出前視圖中面B在空間之位置。如圖13.61(e)所示，俯視圖之L形面C，無法在前視圖找到對應之形狀，在前視圖之最上方之水平線為唯一能與面C對應之邊視圖，因此即可定出面C在空間之位置。如圖13.61(f)、(g)、(h)所示，同理可定其餘各面在空間之位置，最後完成物體所有各面之定位。

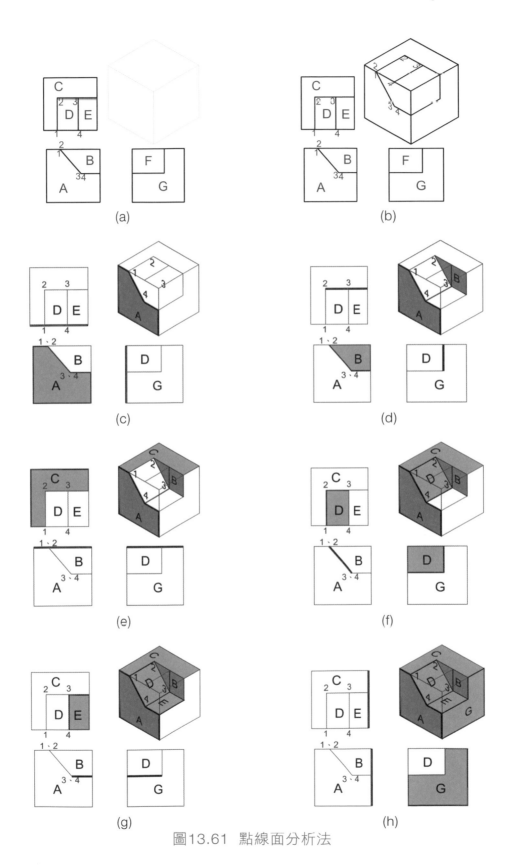

圖13.61　點線面分析法

1.繪下列各題之三視圖

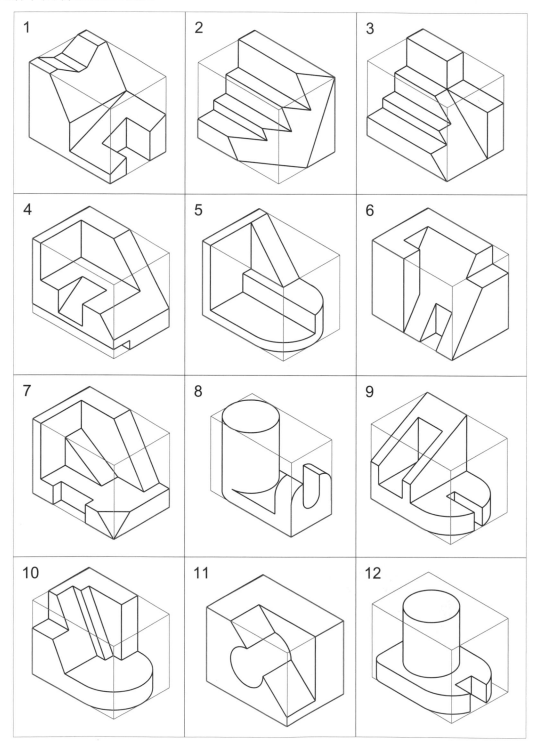

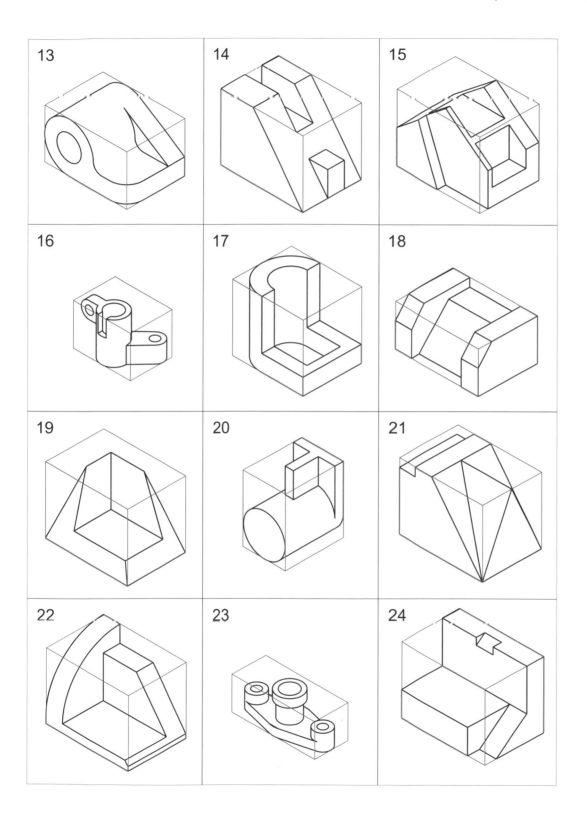

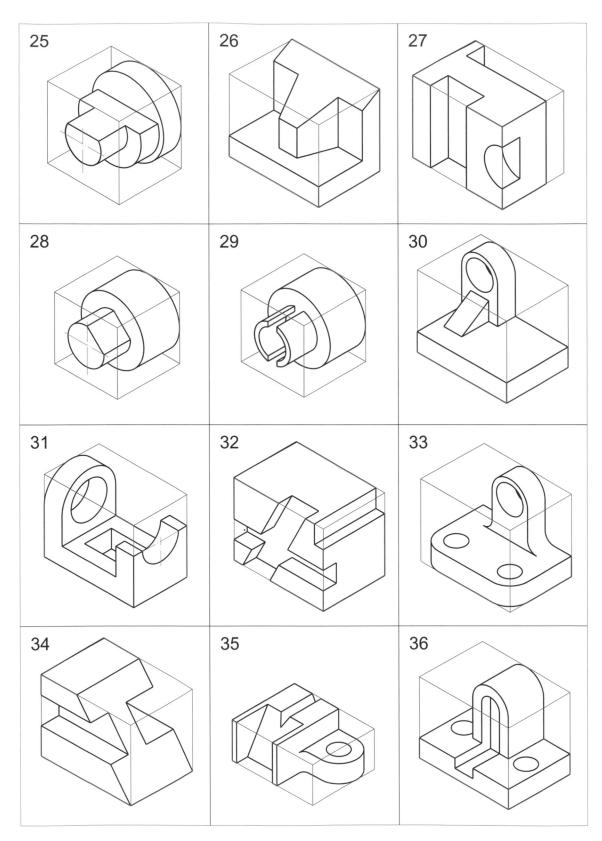

2. 依據俯視圖及前視圖繪三種可能之右側視圖

1

6

2

7

3

8

4

9

5

10

3. 補足各題所缺少的視圖

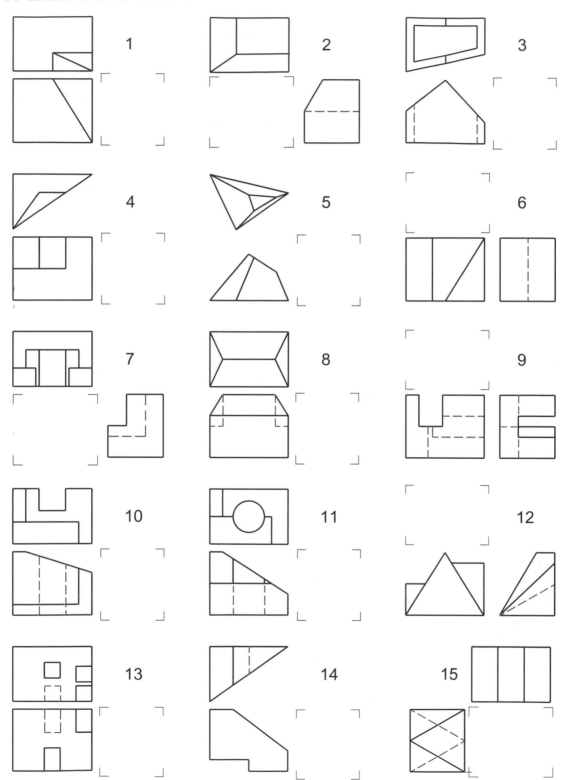

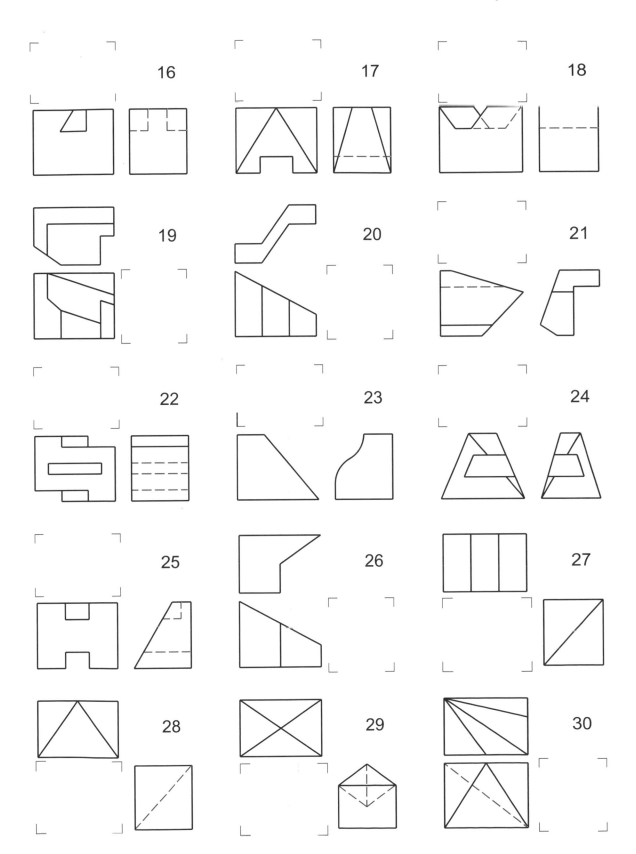

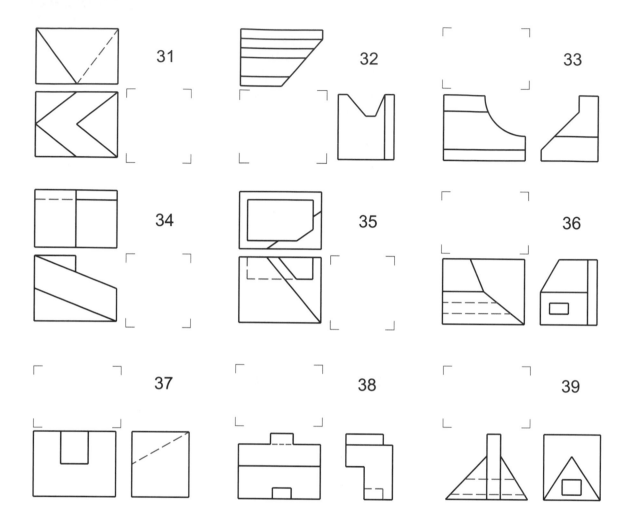

31

32

33

34

35

36

37

38

39

4. 補足各視圖所缺的線條

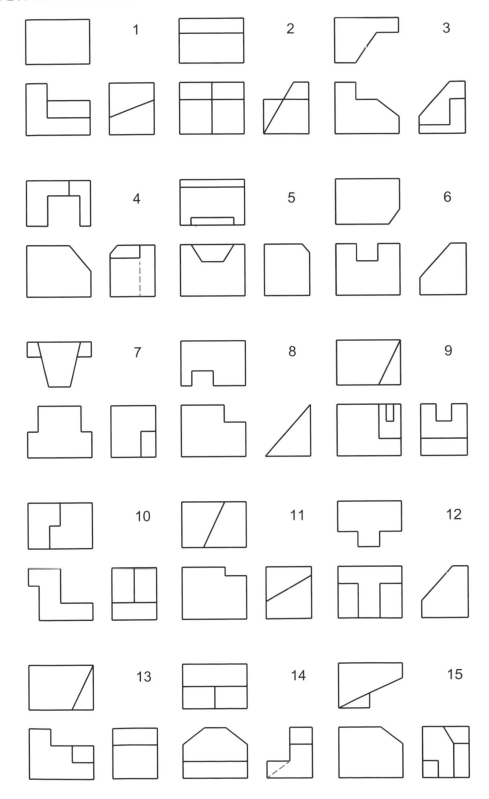

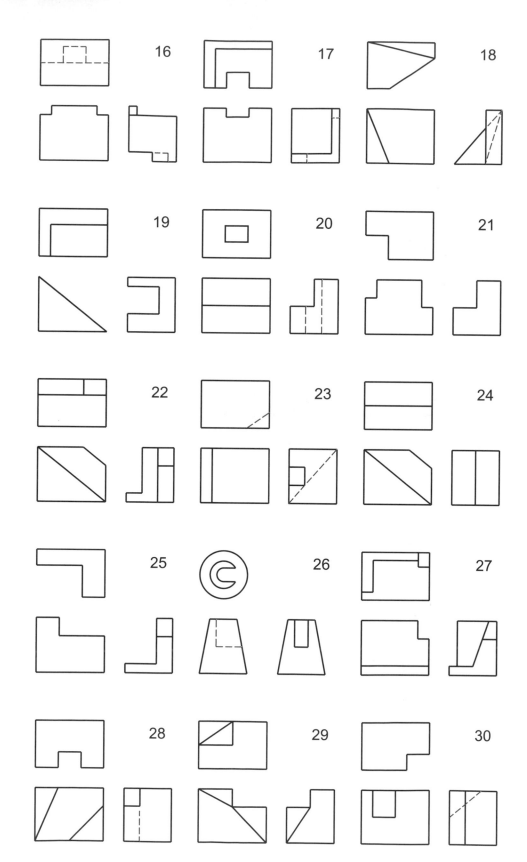

5. 繪下列各題之立體圖

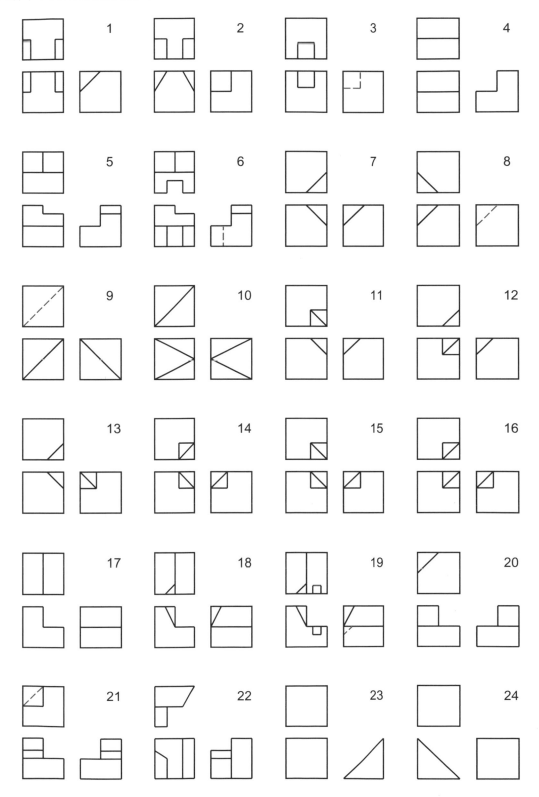

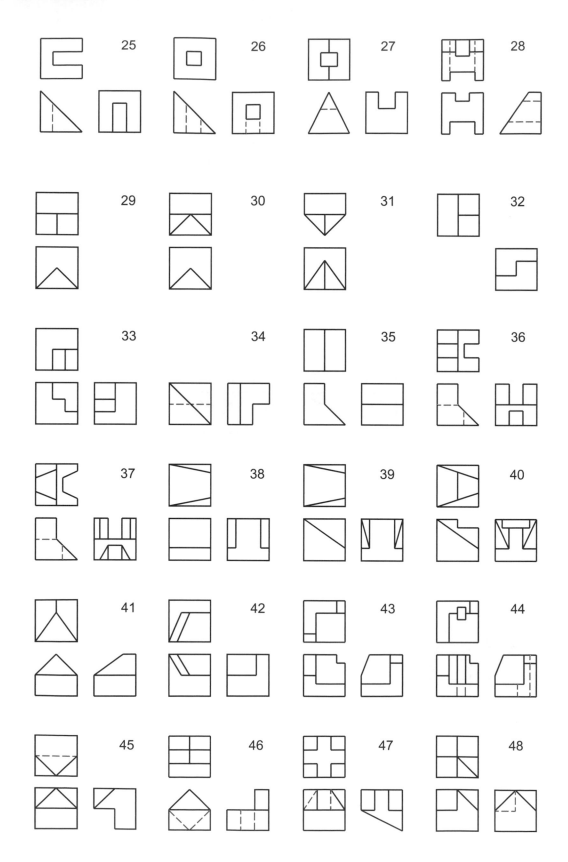

6. 依尺寸補繪下列各題所缺的視圖

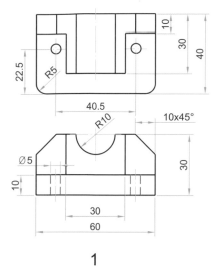

1

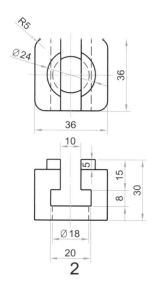

2

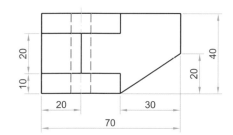

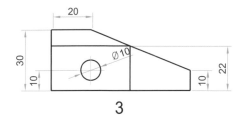

3

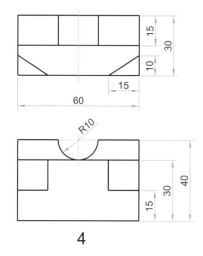

4

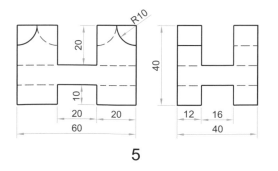

5

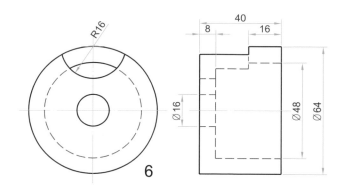

6

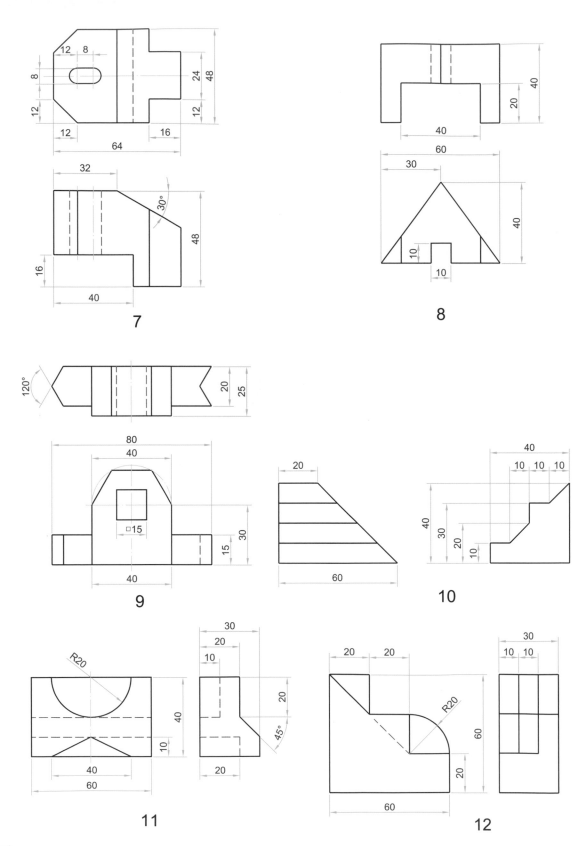

7

8

9

10

11

12

7. 繪下列各題必要之正投影視圖

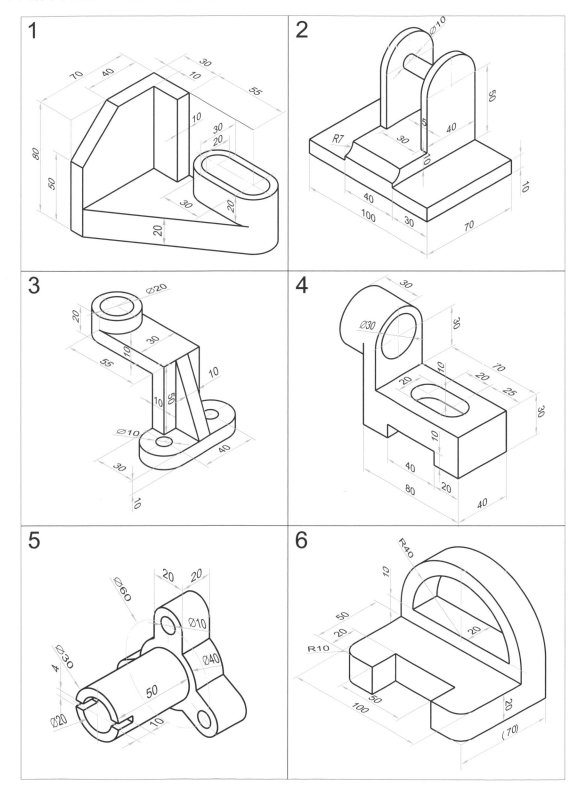

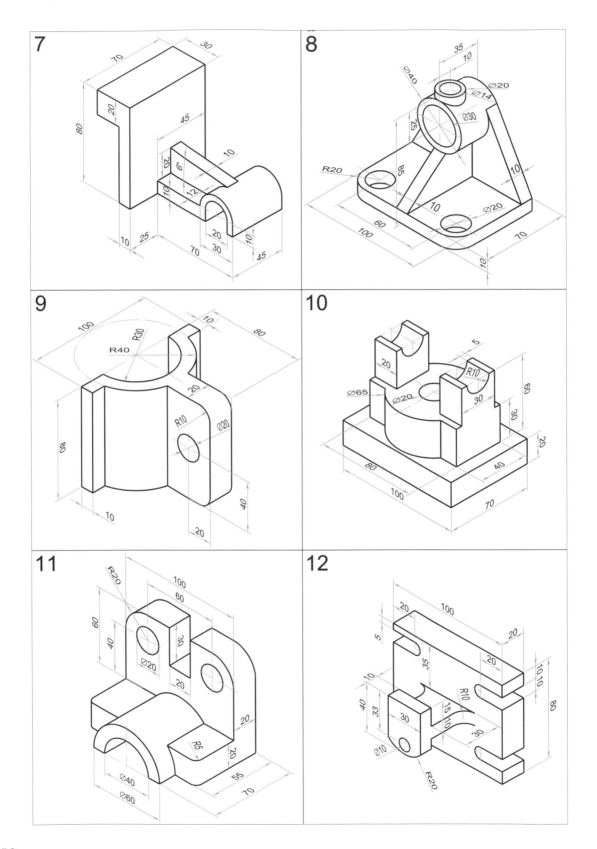

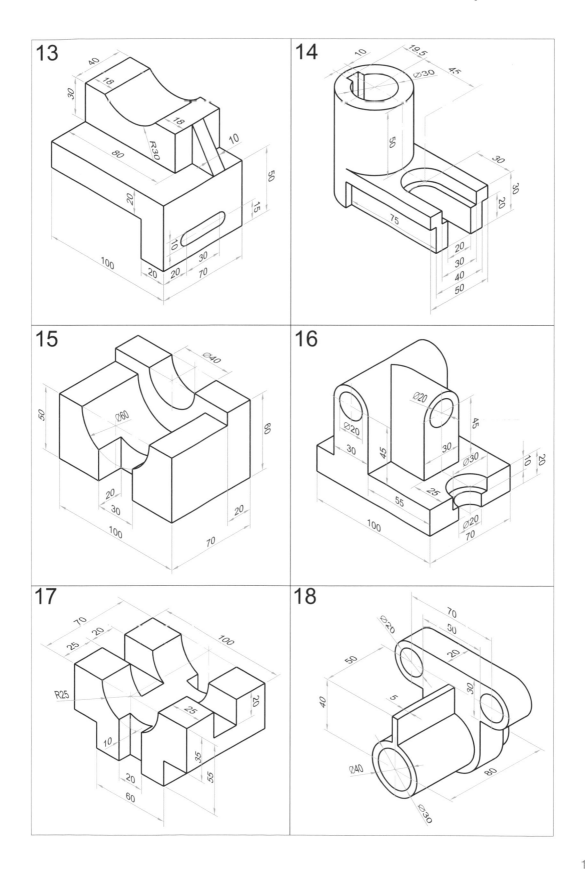

工程圖學 Engineering Graphics

心得筆記

Chapter 14

尺度標註

14.1 概論

　　工程製圖中，圖形可用來描述機件之形狀與位置，如須生產製造，尚須標註其大小、加工方法與材料等事項，此即為尺度之標註。正確與適當的標註能使加工過程更為順暢，降低生產成本與提高機件功能，反之，不當或錯誤的標註可能導致生產不合需求的物品，因而造成巨大的損失。

14.2 尺度單位

　　標註之尺度單位有公制和英制，我國採用公制的尺度單位。本書所採用的單位以公制尺度為主。在機械工程用之圖樣上，如全部用公釐為單位時，尺度數字後不必標註mm，如有其他單位混用時，則尺度數字後須加註其它單位符號。

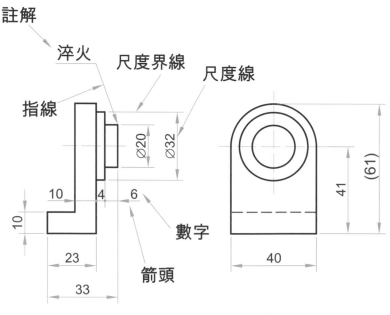

圖14.1　尺度標註之要素

14.3 尺度標註要素

完整的尺度標註要素包含：尺度界線、尺度線、數字、箭頭、指引線與註解等，如圖14.1所示。

尺度標註各項要素之使用方法與規定說明如下：

14.3.1 尺度界線

如圖14.2所示，尺度界線又稱為延伸線，用來確定距離之量測位置。尺度界線自視圖中的輪廓線延伸出來，但不相接觸，留有約1mm的空隙，尺度界線的長度為畫至最後一條尺度線外約2~3mm處止，並以細實線繪製。

尺度界線通常與尺度線垂直，但如與輪廓線近似平行時，可自標註尺度處之兩端引出與尺度線約呈60°的傾斜平行線為尺度界線，如圖14.3所示。

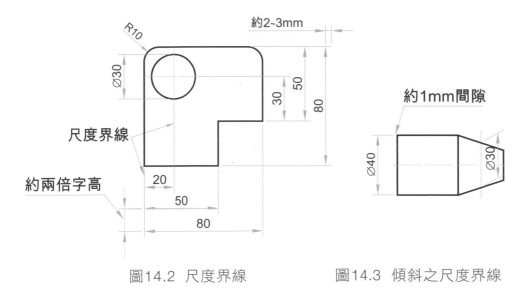

圖14.2 尺度界線　　　　圖14.3 傾斜之尺度界線

表示中心點位置時，可以中心線代替尺度界線，但中心線超出輪廓線後即不再中斷成鏈線。

尺度應盡可能繪於視圖外，但有時如標註於視圖內更清楚時，則可用輪廓線或中心線代替尺度界線，使尺度能繪於視圖內。

在不得已時，尺度界線可與其他線條相交，尺度界線如由視圖內引出跨越其他線條時，此時尺度界線不必中斷。

14.3.2 尺度線

尺度線以細實線繪製，用以表示兩尺度界線間距離的方向。如圖14.4所示，尺度線以尺度界線為界，但必要時亦可以輪廓線或中心線為界。尺度線應和所標註的尺度平行，因此通常與尺度界線垂直，最外側的尺度線距離尺度界線的端點約2~3mm。

各尺度線間的間隔約為尺度數字高度的兩倍，且間隔應力求均勻，CNS規定尺度線不可中斷。如圖14.5所示，輪廓線、中心線等其他線條不可當尺度線使用，標註尺度時，應避免尺度線互相交叉。

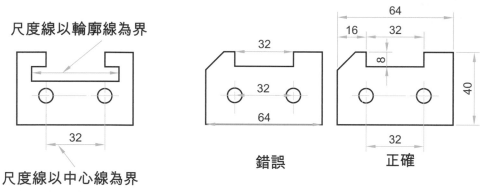

圖14.4　尺度線之界限　　　圖14.5　尺度線之畫法

14.3.3 箭頭

箭頭用來表示尺度線的範圍，須繪於尺度線的兩端，其尖端應接觸尺度界線（或尺度界線的替代線條，如中心線、輪廓線等），不可超出或不及。

如圖14.6，箭頭有兩種畫法，即填實式與開尾式，其中h為標註尺度數字之字高，角度約20度，同一張圖面應使用相同形式與大小的箭頭。

如圖14.7所示，當空間太小時，可將箭頭移至尺度界線外側，若相鄰空間皆甚小時，可於尺度線端點繪一小圓點代替箭頭。

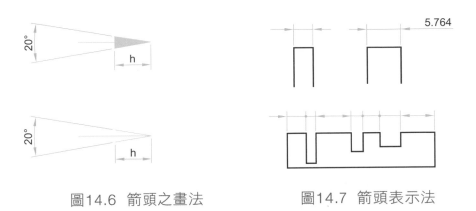

圖14.6　箭頭之畫法　　　　圖14.7　箭頭表示法

14.3.4 數字

如圖14.8所示，數字用來表示尺度距離的大小，可用直體或斜體工程字書寫，並力求工整。數字的大小視圖面大小而定，但應保持大小一致。

數字須寫於尺度線的上方中央，離尺度線約1mm處，尺度線垂直時，數字須寫於尺度線左側，尺度線為傾斜方向時可依圖14.8所示的規定，沿尺度線方向標註，尺度線的方向儘量避免在斜線區，不可避免時則如圖所示的方向標註數字。

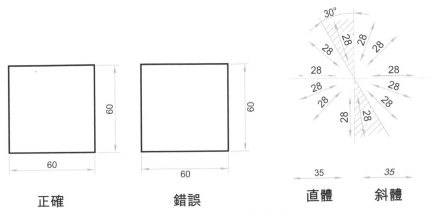

圖14.8　數字之標註法

角度數字的方向與位置之標註如圖14.9所示。

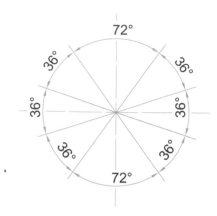

圖14.9 角度數字標註法

尺度數字與符號應避免與其他線條交叉，如無法避免時，其他線條須中斷讓開，如圖14.10所示。

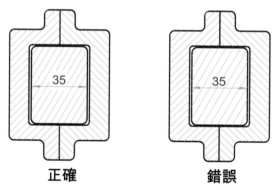

圖14.10 尺度數字避免與其他線條交叉

14.3.5 指線

如圖14.11(a)所示，指線用來指引視圖上某部位的特徵，一般使用與水平線約呈45°或60°的細實線，儘量避免與其他線條（尺度線、尺度界線或剖面線）平行，指線的指示端帶有箭頭，尾端為一水平線，註解即寫在水平線的上方，水平線與註解等長，註解較長時，如圖14.11(b)所示，可寫成多層，其指示端在最下層。

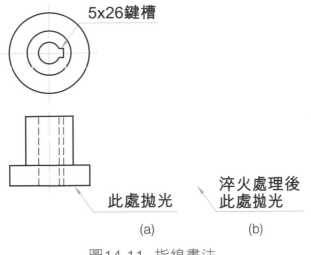

圖14.11 指線畫法

14.3.6 註解

　　註解係以簡要方式提供所需的資料，凡無法以視圖或尺度表達時，即可以簡要之敘述來表示。

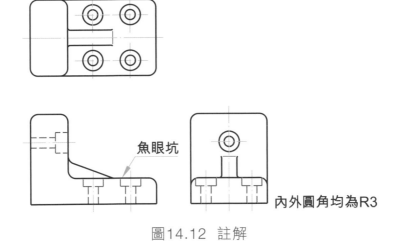

圖14.12 註解

　　註解的文字或數字一律以水平方向註寫。註解依性質可分兩種：

　　一般註解：針對整張圖面，不用指線，而註解於圖面適當位置，如圖14.12所示，如標題欄附近或圖面下方等處。例如："內外圓角均為R3"。

　　特有註解：對視圖之某部分有特別之規定時，使用指線引出至視圖外註解說明，如圖之"魚眼坑"，標註註解應儘量接近其說明部位。

14.4 尺度標註原理

14.4.1 尺度標註的基本要求

正確與適當的標註能使加工過程順暢,並降低生產成本與提高機件功能。尺度標註應力求清晰與完整,尺度標註的基本要求如下:

- 符合CNS規範。

- 尺度標註必須完整;不疏漏、不多餘、不重複是完整的尺度標註之要件,疏漏會導致無法確定大小,多餘及重複則易產生混淆。

- 尺度安置必須合理;合理的尺度安置將使視圖更容易閱讀。

14.4.2 尺度種類

任何物體皆由基本幾何型體所組成,如圓柱、圓錐與角柱等,如圖14.13所示,欲完整的標註一個物體的尺度,即相當於標註基本幾何型體的大小及其相對位置。因此,工程圖上標註一物體之尺度依其性質可分兩類:

- 大小尺度:表示物體各基本型體之形狀與大小的尺度。

- 位置尺度:表示物體各基本型體間的相互關係位置之尺度。

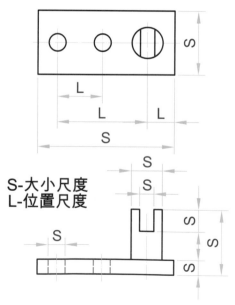

S-大小尺度
L-位置尺度

圖14.13 大小尺度與位置尺度

檢查一物體之尺度標註是否完整，可分別從大小尺度與位置尺度來檢視，兩者皆無疏漏才符合完整的尺度標註要求。

機械裝置通常由許多零件所組成，欲發揮功能，其零件間之尺度須有適當的配合。從機件間相互關係的角度來看，尺度之性質可分為：

功能尺度：機件之一尺度若與他件組合時有關，則此尺度稱之為功能尺度，如圖14.14中標註 "F" 之尺度。

非功能尺度：機件之尺度與他件組合時無關，其尺度在某種程度的變動下不會影響組裝的功能，如圖14.14中標註 "NF" 之尺度。

參考尺度：機件所標註之尺度僅供生產與檢驗之參考者，稱之為參考尺度，如省略也不會影響尺度之完整性。參考尺度標註須以括弧括起，如圖14.14標註 "(Aux)" 之尺度。

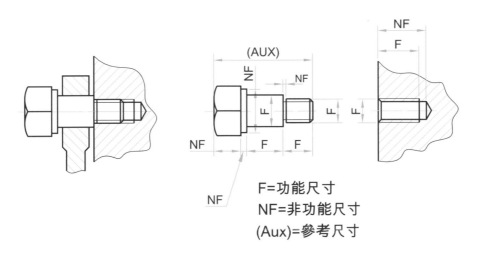

圖14.14 尺度之分類

14.4.3 尺度之安置原則

尺度標註時，當一尺度之標註位置有多種選擇時，如圖14.15所示，其安置位置是否恰當甚為重要，良好的安置位置可使標註清晰、簡單易懂，減少讀錯尺度的機會。尺度之安置原則可歸納如下：

1. 尺度標註於圖形外：尺度應儘量標註於圖形外，以避免跟外形線混雜，並使讀圖者容易發現尺度，如圖14.16及14.17，但尺度界線延伸過長會影響尺度清晰時，如空間夠大亦可標註於圖形內，如圖14.15。

2. 外形原則：尺度標註應安置於最能顯現物體特徵之視圖，如圖14.16所示之凹槽，尺度安置於前視圖較佳，圖14.17之直徑標註於非圓的視圖較佳。

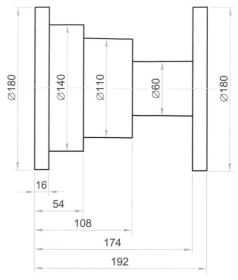

圖14.15 尺度標註於視圖內之情況

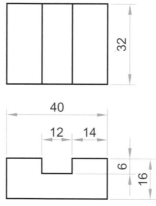

圖14.16 外形原則（一）

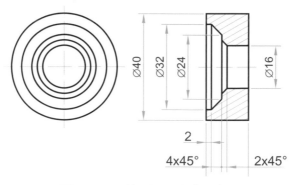

圖14.17 外形原則（二）

3. 尺度標註於兩視圖間：讀圖者視線常游移於兩視圖間，尺度若標註於視圖間較易被發現，並方便於兩視圖間對應投影之對照，如圖14.18所示。

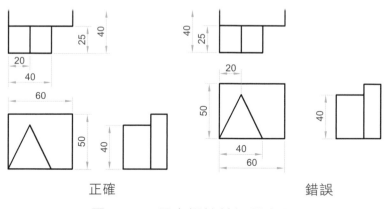

圖14.18 尺度標註於視圖之間

4. 特徵集中標註：物體某部份之特徵，其尺度若集中標註，較完整清晰，讀圖者不需到其他視圖尋找尺度，如圖14.19所示之螺栓孔特徵之尺度，集中標註於同一視圖。

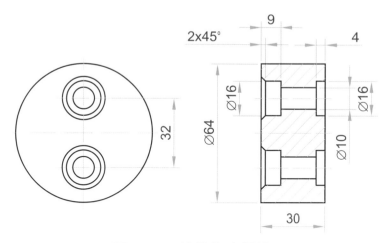

圖14.19 特徵集中標註

5. 實線部位標註：尺度應儘量標註於實線上，避免標註於虛線上，如圖14.20所示。

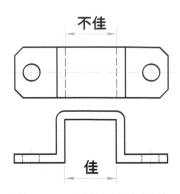

圖14.20　實線部位標註

6. 實形部位標註：尺度應儘量標註於呈現實形的部位，避免標註於縮短變形的視圖上，如圖14.21所示。

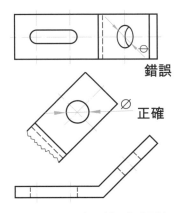

圖14.21　實形部位標註

7. 內外尺度分開標註：物體內外部加工方法或形狀明顯不同時，內外尺度應分開兩邊標註較為清晰，如圖14.22所示。

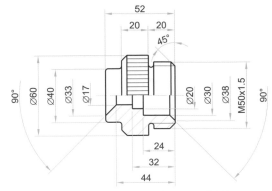

圖14.22　內外尺度分開標註

8. 避免重複尺度：一尺度僅可標註一次，不可在同一視圖或其他視圖重複
   標註，如圖14.23所示。

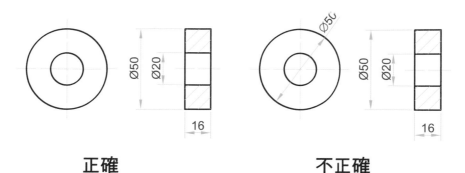

正確　　　　　　　　　　　**不正確**

圖14.23 避免重複尺度

9. 避免多餘尺度：一尺度大小若可由兩種以上尺度標註獲得，如圖14.24(a)
   所示，物件之總長126除直接標註值外亦可加總其餘尺度獲得，即產生
   多餘尺度，故四個尺度必須捨棄較不重要者，如圖14.24(b)，若認為有參
   考價值，則須以括弧括起，視為參考尺度，如圖14.24(c)。

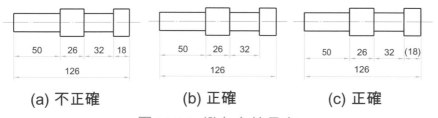

(a) 不正確　　　　　　(b) 正確　　　　　　(c) 正確

圖14.24 避免多餘尺度

10. 尺度由小到大依序往外排列：如此可避免尺度線與尺度界線交叉，如圖
    14.25所示。

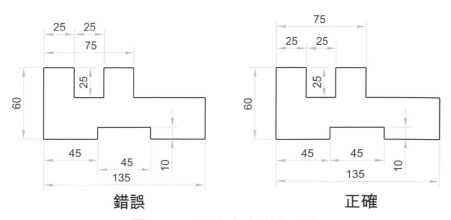

錯誤　　　　　　　　　　　　正確

圖14.25 尺度由小到大標註

14.4.4 尺度之基準

尺度標註須配合機件之功能要求與加工需要，加工過程常選擇一基準面當作尺度量度基準，故尺度標註即以此面為基準，標註各部位距此面之尺度，如圖14.26。尺度基準之選擇可分下列各種：

1. 以基準面為基準之標註法，如圖14.26所示。

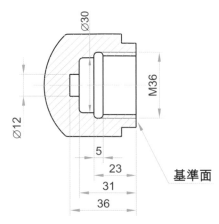

圖14.26 基準面標註法

2. 以中心線為基準之標註法，如圖14.27所示。

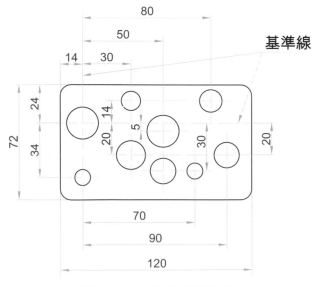

圖14.27 基準線標註法

3. 以單一尺度線之標註法，如圖14.28所示。

　　基準面標註法常會導致尺度線層數增加,為減少層數,可採單一尺度線之標註法,如圖14.28所示,以基準面為起點,畫一小圓點表示,並標註數字0表示之,所有尺度皆用同一條尺度線,尺度線僅一端有箭頭,尺度數字標註於尺度界線之延伸處。圖14.29為角度之單一尺度線標註法。

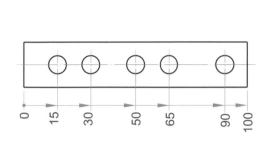

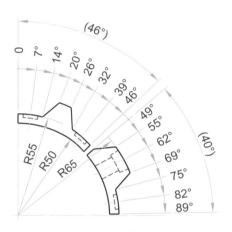

圖14.28　單一尺度線標註法　　　　圖14.29　角度之單一尺度線標註法

14.4.5　相同形態之尺度

　　當機件上有多處相同特徵時,可僅選舉一處標註,但勿用指線標註,特徵亦可僅繪出頭尾處,其餘繪出其中心線,特徵間之距離或角度相等時,可以簡化方式標註,如圖14.30及14.31所示。

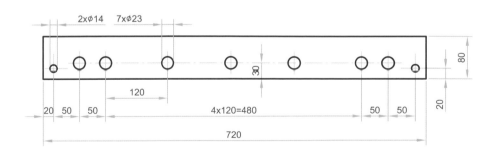

圖14.30　相同形態位置之標註法（Ｉ）

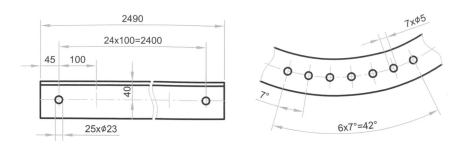

圖14.31　相同型態角度之標註法（Ⅱ）

14.5 尺度標註的方法

14.5.1 長度尺度

依據CNS的規定，尺度標註的線條以細線繪製，文字以中線書寫，長度尺度又稱線性尺度，包含水平、垂直和傾斜三方向，用於標註物體之大小與位置尺度，其標註方式如圖14.32所示。

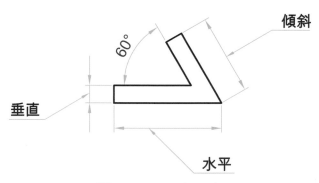

圖14.32　長度尺度

長度尺度標註之規則如下：

- 大尺度在外，小尺度在內，如此可避免尺度界線與尺度線的交叉，如圖14.33所示。
- 同層之尺度線保持對齊，如圖14.33、14.34。
- 狹窄部位之尺度標註如圖14.34所示。

如圖14.33所示，箭頭畫在尺度界線外側，其尺度線不中斷，尺度數字書寫於尺度線上方，若尺度數字寫不下時，可將尺度數字移到尺度界線外側書寫，此時尺度線須延長至能涵蓋數字。若有多個連續之狹窄部位之尺度，如圖14.34所示，且在同一尺度線上時，尺度數字可分上下兩排錯開書寫，亦可採用局部放大圖來表示。

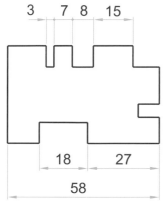

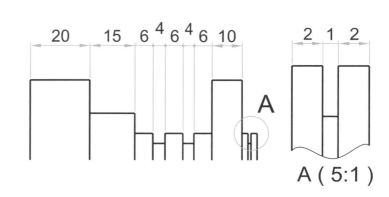

圖14.33 長度尺度標註法　　　　圖14.34 狹窄部位之尺度標註法

14.5.2 稜角消失不見之尺度標註

如圖14.35所示，物體之稜角因去角或圓角而消失時，其尺度依然標註於稜角上，此稜角需用細實線繪出，並在交點處繪一小圓點。

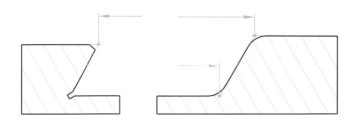

圖14.35 稜角部位之標註

14.5.3 角度標註

角度尺度的尺度線為圓弧而非直線，其圓心必須位於角度的頂點，角度尺度數字的書寫方向請參考圖14.9，尺度數字盡可能標註於輪廓線的外側，有時須標註於對頂角之方向，狹窄位置亦同。

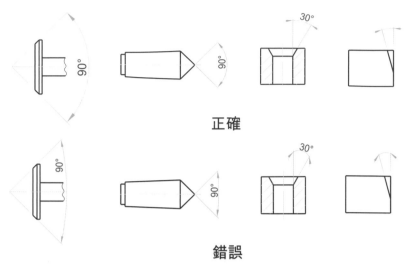

正確

錯誤

圖14.36　角度尺度標註法

14.5.4 直徑

如圖14.37所示，標註直徑之大小時，須在數字前加上直徑符號 "Ø" ，不得省略。直徑符號其粗細及高度與數字相同，符號中的直線與尺度線約呈75°，其封閉曲線為一正圓形。

Ø23

圖14.37　直徑符號

凡圓或大於半圓之圓弧應標註其直徑，半圓標直徑或半徑皆可，全圓之直徑以標於非圓之視圖為原則，如圖14.38，必要時亦可標於圓形之視圖，如圖14.39。

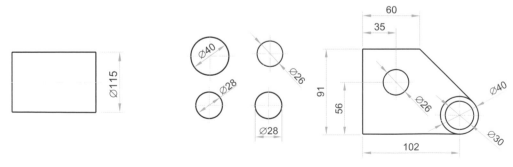

圖14.38　直徑標註法（一）　　　　圖14.39　直徑標註法（二）

　　由圓周引出尺度界線標註圓之直徑時，尺度界線須平行於中心線，如圖 14.40中之∅68。大於180°之圓弧（非全圓者），直徑須標註於圓形視圖上，如 圖中之∅60、∅64。

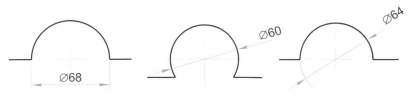

圖14.40　圓弧直徑標註法

　　半視圖或半剖視圖，因無法從省略的一半引出尺度界線，其尺度線繪超過 圓心即可，如圖14.41、14.42。

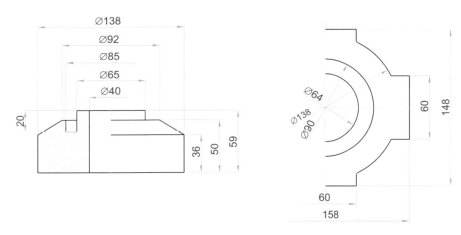

圖14.41　半剖視圖直徑標註法　　　圖14.42　半視圖直徑標註法

14.5.5　半徑標註法

　　半徑符號：如圖14.43，標註半徑之大小時，須在半徑數字前加上半徑符號 "R"，不得省略，半徑符號其粗細、高度與數字相同。

　　小於180°之圓弧（非全圓者），半徑須標註於圓形視圖上，半徑尺度線以 畫在圓心及圓弧間為原則，其尺度線僅與圓弧接觸端有箭頭，如圖14.44所示。

R3

圖14.43　半徑符號　　　　　圖14.44　半徑之標註

　　圓弧半徑過小時，則半徑之尺度線可以延伸超過圓心，將箭頭或數字移置於圓弧外側，惟尺度線之伸長必須通過圓心，各種小半徑之標註方法如圖14.45所示。

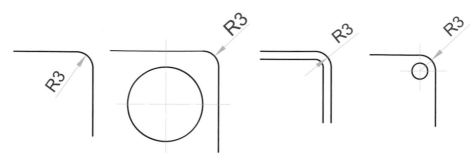

圖14.45　小尺度半徑之標註法

　　圓弧半徑很大時，若圓心位置不需註明，則半徑之尺度線可以適當縮短，但尺度線之延長必須通過圓心，如圖14.46所示。

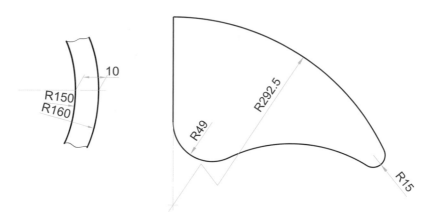

圖14.46　大尺度半徑之標註　　圖14.47　特大尺度半徑標註法

　　如需註明圓心之位置時，則可將尺度線作兩次轉折，以縮近圓心的位置，帶箭頭之一段尺度線必須對準原有之圓心，另一段則須與此段平行，半徑數字及符號須標註於帶箭頭之尺度線上，如圖14.47所示。

14.5.6 球面尺度

　　球面符號：標註球之尺度時，須以"S"表示，加註於"R"或"Ø"符號之前，其高度、粗細與數字相同，如圖14.48所示。

省略球面符號：常見之圓球端面如圓桿、銷子、手柄、鉚釘、螺釘頭等端面，可省略 "S"。

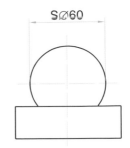

SR15

SØ20

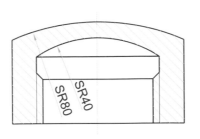

圖14.48 球面尺度標註法

14.5.7 弦長及弧長尺度

弧長符號是一個半徑等於尺度數字高之半圓弧，置於尺度數字之前，其粗細與數字相同，如圖14.49。

弧長之尺度線為一圓弧，並須與弧線同心，標註同心圓弧時，則須使用箭頭標示弧長尺度數字所指之弧，若圓心角小於90°時，兩尺度界線互相平行，如圖14.49所示。

若圓心角大於90°，弧長之兩尺度界線之延長須通過圓心，如圖14.50所示。

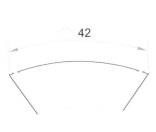

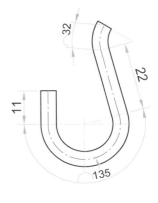

圖14.49 小角度弧長
　　　　尺度標註法

圖14.50 大角度圓弧尺度標註法

14.5.8 正方形尺度

正方形符號以 "□" 表示，標註於邊長尺度數字之前，正方形尺度以標示於方形視圖為原則，正方形符號其高度約為數字高之2/3，粗細與數字相同，如圖14.51所示。

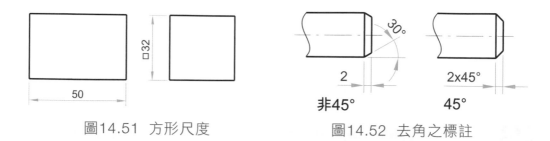

圖14.51 方形尺度　　　　　圖14.52 去角之標註

14.5.9 去角標註法

去角為45°與非45°之標註如圖14.52所示，若螺紋去角為45°者，可省略不標註。

14.5.10 不規則曲線之尺度標註

不規則曲線之尺度標註有座標法及支距法，如圖14.54、14.55所示。

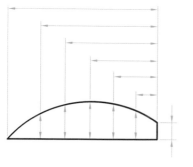

圖14.54 座標法

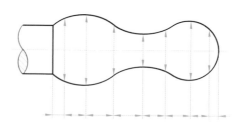

圖14.55 支距法

14.5.11 未按比例之尺度標註

視圖中若有尺度未按比例繪製時，須於尺度數字下方加繪一橫線，其粗細與文字相同，以示其差別，如圖14.56所示。

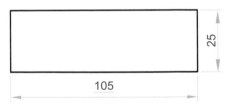

圖14.56 未按比例之尺度標註

14.5.12 更改尺度之標註

已發出之圖，遇需更改尺度時，不可直接將原尺度擦除，須於原尺度上加畫雙線，新尺度標註於附近，並加註一三角形更改符號及更改次數的號碼，如圖14.57所示。

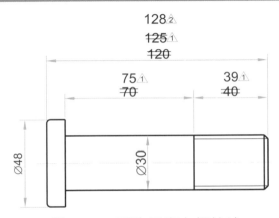

圖14.57 更改尺度之標註法

14.5.13 立體正投影圖及斜投影圖之標註

立體正投影圖及斜投影圖之標註如圖14.58所示。

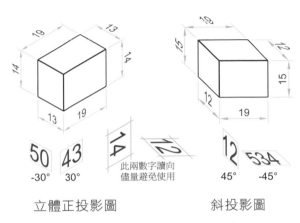

立體正投影圖　　　　　　　斜投影圖

圖14.58 立體圖之標註法

14.5.14 錐度尺度

1. **錐度之定義**：錐體兩端直徑差與長度之比值稱之為錐度，如圖14.59 所示，即：錐度=(D-d)/L=2tan θ /2。若錐度為1：10即表示長度10時 兩端直徑差為1。

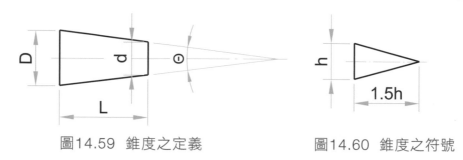

圖14.59　錐度之定義　　　　　圖14.60　錐度之符號

2. **錐度符號**：以 "▷" 表示，符號之高度、粗細與數字相同，符號長度 約為高的1.5倍，其尖端恒指向右方，中間須畫中心線，繪法如圖14.60 所示。

3. **錐度標註法**：有下列各種情形：

　☆ 使用錐度符號標註法，如圖 14.61 所示，須以指引線方式標註錐度， 若同時標註 θ 角時，須括弧為參考角度。

　☆ 錐體亦可使用一般基本幾何尺度法，如圖 14.62 所示。

　☆ 特殊規定之錐度，如白式（BS）錐度、莫氏（MT）錐度、公制 錐度…等，則以代號代替錐度值，如圖 14.63 所示。

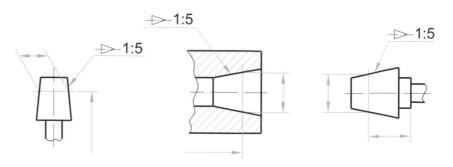

圖14.61　錐度符號標註法

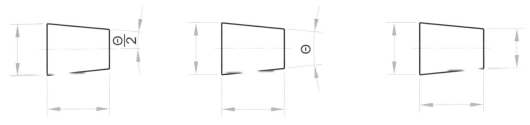

圖14.62 錐度一般基本幾何尺度標註法

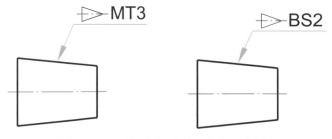

圖14.63 特殊規定之錐度標註法

14.5.15 斜度尺度

1. 斜度之定義：機件斜面兩端高低差與其長度之比值稱之為斜度，如圖 14.64所示，即：斜度=(H-h)/L=tan β 。例如，斜度1：5即表示長度5時 兩端高度差為1。

2. 斜度符號：以 " ◣ " 表示，符號粗細與數字相同，其高為數字之一 半，長度約為其高之三倍，其尖端恒指向右方。繪法如圖14.65所示。

3. 斜度標註法：斜度標註法與錐度相似，有下列兩種：

   ☆ 使用斜度符號標註法，如圖 14.66 所示。

   ☆ 使用一般基本幾何尺度法，如圖 14.67 所示。

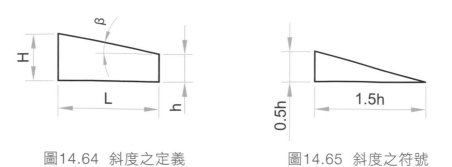

圖14.64　斜度之定義　　　　　　　　圖14.65　斜度之符號

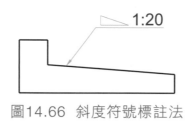

圖14.66　斜度符號標註法

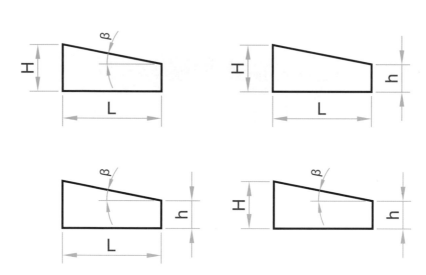

圖14.67　斜度基本幾何尺度標註法

本章習題

1. 標註下列各題之尺度

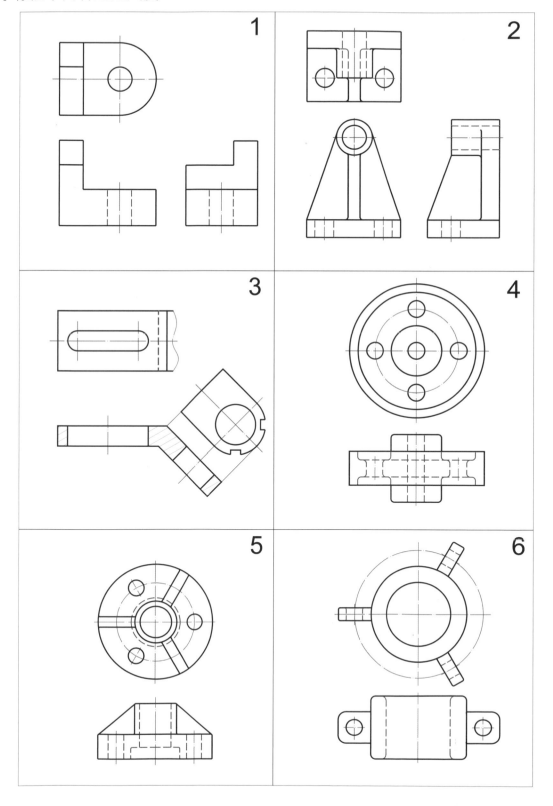

2. 標註下列各等角圖之尺度

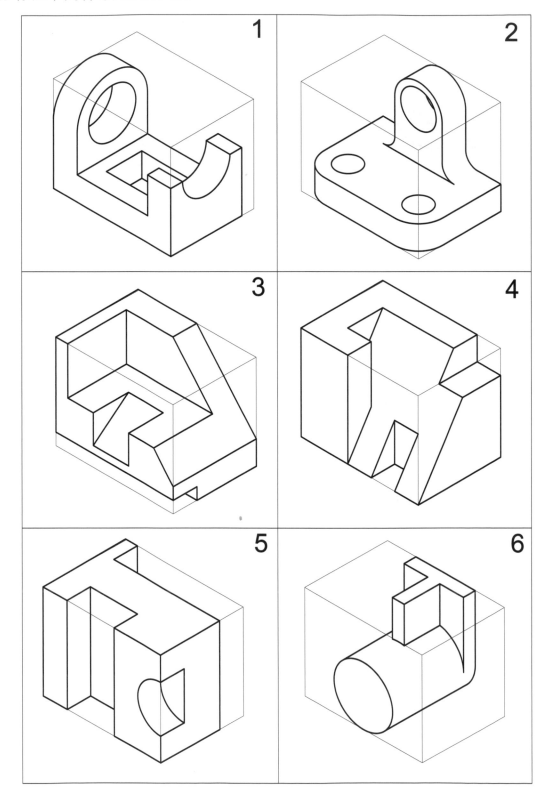

3. 標註下列各斜投影圖之尺度

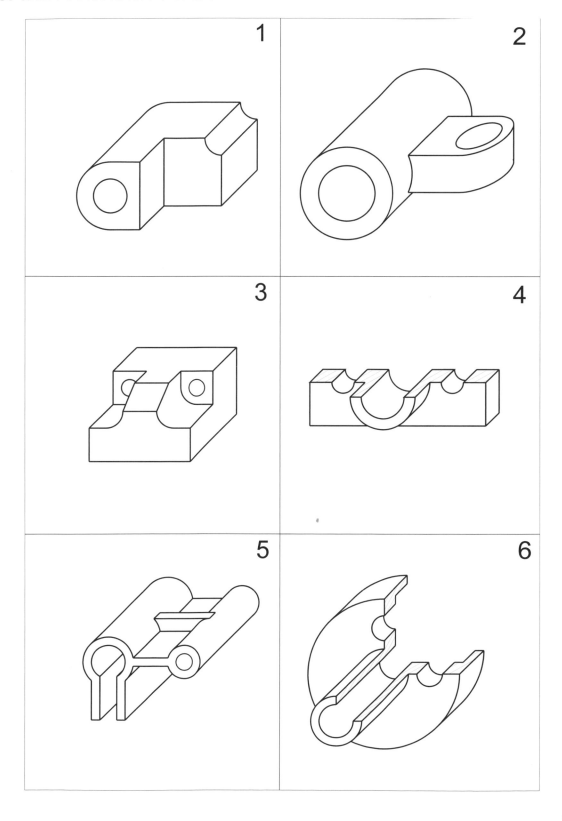

心得筆記

Chapter *15*

輔助視圖

15.1 概論

　　在正投影視圖的原理中，當機件上之一平面不與投影面平行時，其投影會產生變形及縮小的情形，而不能顯示其實形，如圖15.1(a)所示。例如一圓孔投影後呈現橢圓的形狀，如此不但不易繪製，讀圖亦容易產生困擾。

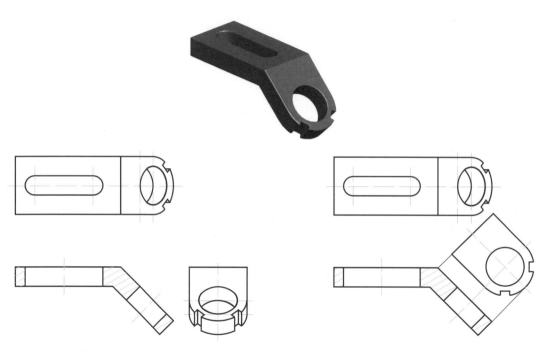

15.1(a)物體之斜面無法呈現實形　　　　　　　15.1(b)輔助視圖呈現斜面實形

圖15.1

　　為了彌補正投影此一缺點，可使用輔助視圖投影法，如圖15.1(b)，可呈現該傾斜面的實形。

　　輔助投影係針對機件的傾斜面，設立一個與該傾斜面平行的投影面，稱之為輔助投影面AUX（或稱之為副投影面），投影到輔助投影面的視圖即稱之為輔助視圖，可呈現該傾斜面的實形。

　　輔助視圖的投影方法與正投影方法相同，因此也可用投影箱方式來解說，如圖15.2所示，輔助投影面須與三個主要投影面之一垂直，如圖15.2(a)為與直立投影面垂直。投影完成後，以輔助投影面與直立投影面之交線（稱之為副基線）為軸，旋轉至與直立投影面共平面，如圖15.2(b)。反之，若輔助投影面與水平投影面垂直，則須轉至與水平投影面共平面。輔助投影的基本原理請參考第11章。

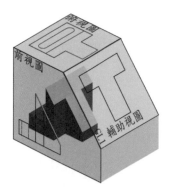
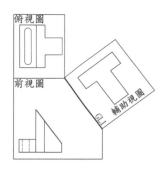

(a)設立輔助投影面與單斜面平行   (b)輔助投影之展開

圖15.2 單斜面之輔助視圖

15.2 斜面之邊視圖與正垂視圖

一物體上之平面依據與三個主要投影面的關係可分為：

◆ 複斜面：與每一主要投影面傾斜的面，稱之為複斜面。如圖15.3(a)所示，黃色複斜面在三個主要投影面的投影皆呈縮小的面。

◆ 單斜面：與主要投影面之一垂直，且與其餘兩主要投影面傾斜的平面稱之為單斜面。如圖15.3(b)所示之黃色單斜面與側投影面垂直，其側投影呈邊視圖，在另兩個主要投影面的投影則呈縮小的面。

◆ 正垂面：與主要投影面之一平行的平面稱之為正垂面，在該投影面之投影為實形，如圖15.3(c)所示之黃色平面與水平投影面平行。

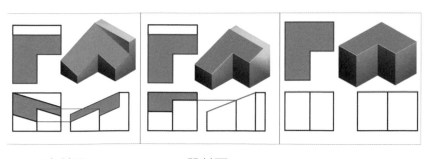

(a)複斜面   (b)單斜面   (c)正垂面

圖15.3 平面種類

　　一單斜面必定與三個主要投影面之一垂直，如圖15.4(a)所示，黃色單斜面與直立面垂直，其直立投影呈邊視圖。此時可放置一與直立面垂直之輔助投影面，並與單斜面平行，如圖輔助投影面與直立面之交線稱之為副基線。副基線與單斜面之邊視圖兩者平行（兩者若不平行則輔助投影面與單斜面即不平行），單斜面之輔助投影即可呈現實形，投影箱展開後之視圖排列如圖15.4(b)所示。

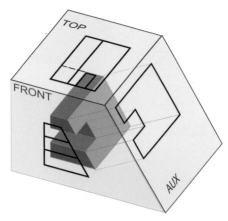

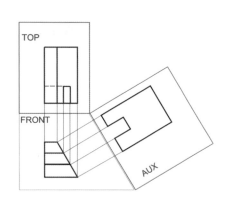

(a)設立輔助投影面與單斜面平行　　　　　　　(b)輔助投影之展開

圖15.4　輔助視圖

　　俯視圖與輔助視圖皆呈現物體之深度尺寸，如11章所述，任一點之深度尺寸可由俯視圖移轉至輔助視圖，也就是說其俯視圖離基線之距離與輔助視圖離副基線之距離相等。如前所述副基線與單斜面之邊視圖兩者必須平行，利用這兩個特性，已知俯視圖與前視圖，即可求得能呈現單斜面實形之輔助視圖。

　　實務上，繪正投影視圖皆不繪出基線及副基線，因此由俯視圖移轉尺寸至輔助視圖常以參考平面（基準平面）的方式為之，以做為量度尺度的基準。如圖15.5所示，單斜面之直立投影呈邊視圖，因此須選擇與直立面平行之平面當參考平面（則參考平面亦垂直於單斜面），參考平面之投影在俯視圖與輔助視圖皆呈邊視圖，稱之為參考面線RP，分別與基線及副基線平行。參考面線RP可代替基線及副基線，物體之任何一點在俯視圖與在輔助視圖中的投影，與各別的RP線距離相等。參考平面可放置於物體之最前端或最後端，以方便量測尺度為原則，對稱的物體則常置於中心軸的位置。

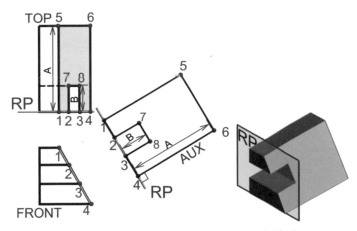

圖15.5　參考平面為量度距離的基準

採用參考面求作輔助視圖的步驟如下：

1. 如圖15.6(a)所示，在俯視圖中選擇適當的位置畫參考平面線RP，RP須平行於直立投影面，即須為水平線。於適當的位置畫單斜面之邊視圖的平行線，代表輔助視圖的參考平面線RP。

2. 如圖15.6(b)所示，過前視圖中單斜面邊視圖各點作輔助視圖投影線，投影線須與單斜面之邊視圖垂直，自俯視圖量取單斜面各點與RP的距離，移轉至輔助視圖上，量取距離時須保持兩視圖與RP線之相對位置一致。例如一點之俯視圖若在RP之內側，則其輔助視圖亦須置於RP之內側，反之則置於RP之外側。連接有關之各點完成輔助視圖的繪製，由於繪輔助視圖的目的在於求得斜面之實形，輔助視圖通常只繪出斜面實形部分之局部視圖。

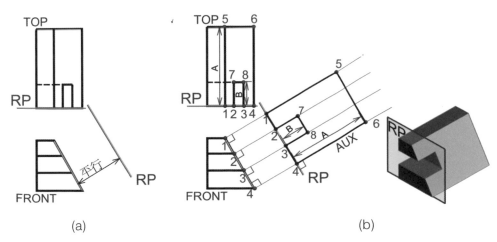

(a)　　　　　　　　　　　　　　　　　　(b)

圖15.6　輔助視圖之作圖步驟

若單斜面為曲面，可將參考平面置於中心軸線，取其對稱性質，以簡化圖形之求作，其繪法如圖15.7所示，將右側視圖之圓作適當等分，並過圓心作參考線RP1，各等分點與參考線之距離移測至輔助視圖上，連接輔助視圖上各點即得曲面之實形。

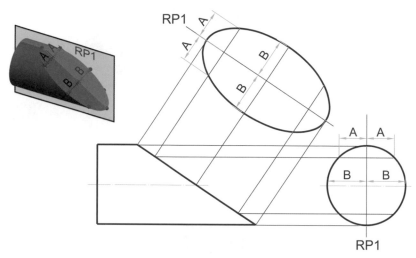

圖15.7　曲面之輔助視圖

15.3 複斜面之邊視圖及正垂視圖

　　複斜面與每一主要投影面皆傾斜，在三個主要視圖中皆無法呈現實形，而為一縮小的面，亦無法呈現為邊視圖，因而無法直接求得複斜面之實形，必須先求出複斜面之邊視圖，再利用邊視圖求出複斜面之正垂視圖，而得其實形。由於需要兩階段方能求得複斜面之正垂視圖，第一階段求得的輔助視圖稱之為第一輔助視圖（primary auxiliary view），第二階段為利用第一輔助視圖求其正垂視圖，求得的輔助視圖稱之為第二輔助視圖（secondary auxiliary view）。第一輔助投影面須與主要投影面之一垂直，第二輔助投影面須與第一輔助投影面垂直，並且與複斜面平行。

　　輔助投影面只要與複斜面上任一直線垂直，則輔助投影面即與複斜面垂直，也就是說複斜面上若有任一直線之輔助投影呈端視圖，則複斜面之輔助視圖即呈邊視圖。求作一輔助投影面與直線垂直的方法見11.4節，以圖15.8為例，求作複斜面邊視圖的步驟如下：

1. 在主要視圖中尋找複斜面之邊線能呈現實長的線段，通常位於複斜面與其他正垂面相交處，圖15.8中複斜面之任一邊線皆符合此條件，今選擇圖中之AB邊線，若複斜面無此種邊線，可自行作輔助線以得之（請參考11.6節）。

2. 如圖15.8(a)所示，在前視圖適當位置作直線垂直於AB之延長線，代表參考線RP1的位置（或代表第一輔助投影面的位置），在前視圖與俯視圖間定出另一參考線RP1的位置，參考線須垂直於兩視圖間之投影線。

3. 如圖15.8(b)所示，過物體前視圖各點向RP1作投影線（投影線須垂直於RP），將各點在俯視圖離RP1之距離移轉至輔助視圖，即可得複斜面之邊視圖。

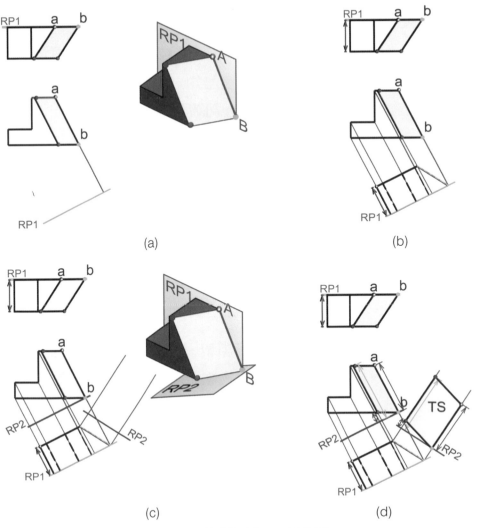

(a)

(b)

(c)

(d)

圖15.8 複斜面之正垂視圖

》》》 複斜面之正垂視圖

複斜面之正垂視圖又稱法線視圖，係將複斜面投影至與其平行之第二輔助投影面所得之視圖，第二輔助投影面須與第一輔助投影面垂直，如此方能移轉主要視圖上之尺寸至第二輔助視圖。求作第二輔助投影之原理請參考11.6節。接續上圖，複斜面之正垂視圖畫法其步驟如下：

1. 求得複斜面邊視圖後，如圖15.8(c)所示，於前視圖定參考線RP2的位置，RP2須垂直於前視圖與第一輔助視圖間之投影線，可置於複斜面之前視圖的前端、後端或中心軸位置。

2. 如圖15.8(c)，於適當位置作第二輔助視圖之參考線RP2，RP2須平行於複斜面之邊視圖，過邊視圖各點作垂直於第二輔助視圖參考線RP2之投影線（投影線亦垂直於複斜面之邊視圖）。

3. 如圖15.8(d)所示，量取複斜面前視圖各點離RP2的距離，等於第二輔助視圖離RP2的距離，或直接由複斜面已知之尺寸定各點之第二輔助視的位置，連接有關之各點完成第二輔助視圖的繪製，即為複斜面之正垂視圖。

15.4 複輔助視圖

繪製輔助視圖時，物體之歪斜面實際尺寸與形狀常為已知，實務上通常先繪出主要視圖中未變形部份、接著繪歪斜面之邊視圖，然後再繪出歪斜面之實形，之後再投影回主要視圖繪歪斜面部份，以圖15.9為例，其步驟如下：

1. 如圖15.9(a)所示，繪部份前視圖與俯視圖，置水平參考面RP1通過物體之底部，在俯視圖中沿複斜面與物體正垂面之交線（圖中之綠色線條）作RP1參考線與之垂直。

2. 如圖15.9(b)所示，作第一輔助視圖。

3. 如圖15.9(c)，置參考面RP2與複斜面垂直，於俯視圖定參考線RP2的位置，參考線RP2垂直於複斜面與物體正垂面之交線，於適當位置置另一參考線RP2平行於複斜面邊視圖。

4. 如圖15.9(d)所示，由已知尺寸作複斜面第二輔助視圖。

5. 如圖15.9(e)所示，過複斜面第二輔助視圖各點投影至第一輔助視圖，再過複斜面第一輔助視圖各點投影至俯視圖，將複斜面在第二輔助視圖各點離RP2的距離移轉至俯視圖，即得複斜面之俯視圖。

6. 如圖15.9(f)所示，過複斜面俯視圖各點投影至前視圖，再過複斜面第一輔助視圖各點離RP1的距離移轉至前視圖，即得複斜面之前視圖。

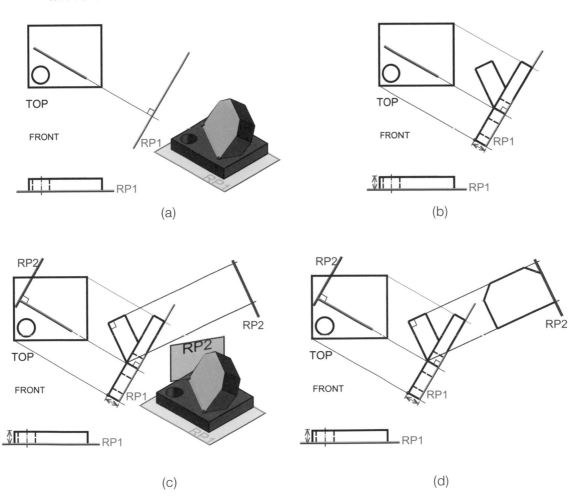

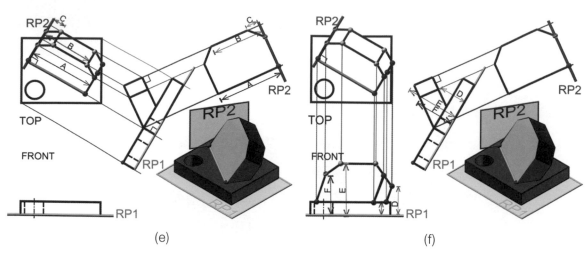

(e)   (f)

圖15.9 繪複斜面輔助視圖之步驟

15.5 局部視圖

實務上，繪工程圖時，物體上如有單斜面或複斜面，可繪輔助視圖以呈現該斜面之實形，為使讀圖容易及簡化繪圖工作，主要視圖中僅繪局部視圖，斜面的部份常予以省略，輔助視圖則僅繪斜面部份之邊視圖及正垂視圖，如圖15.10所示。若機件有多個斜面時，則可同時繪多個輔助視圖，以呈現各斜面的實形，如圖15.11所示。

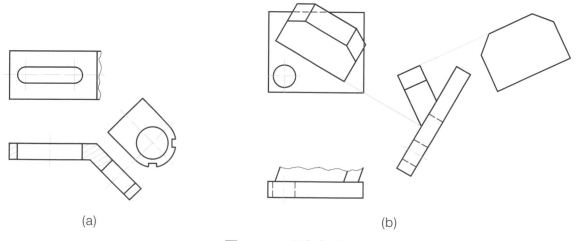

(a)   (b)

圖15.10 局部視圖

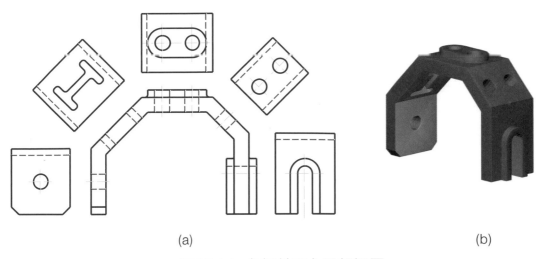

(a)　　　　　　　　　　　　　　　　(b)

圖15.11　多個斜面之局部視圖

　　必要時輔助視圖可平行移至任何位置，如圖15.12，但須在投影方向加繪箭頭及文字註明，箭頭大小比照圖16.5。輔助視圖也可作必要之旋轉，但須在投影方向加繪箭頭及文字註明，並於旋轉後之輔助視圖上方加註旋轉符號及旋轉角度，如圖15.13。旋轉符號為一半徑等於標註尺度數字字高之半圓弧，一端加繪標明旋轉方向之箭頭。

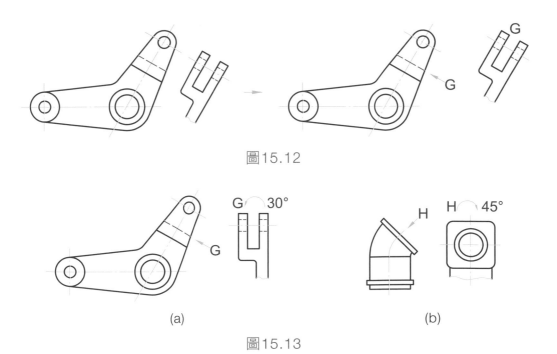

圖15.12

(a)　　　　　　　　　　　　　　　　(b)

圖15.13

本章習題

1. 繪下列各題單斜面之輔助視圖。

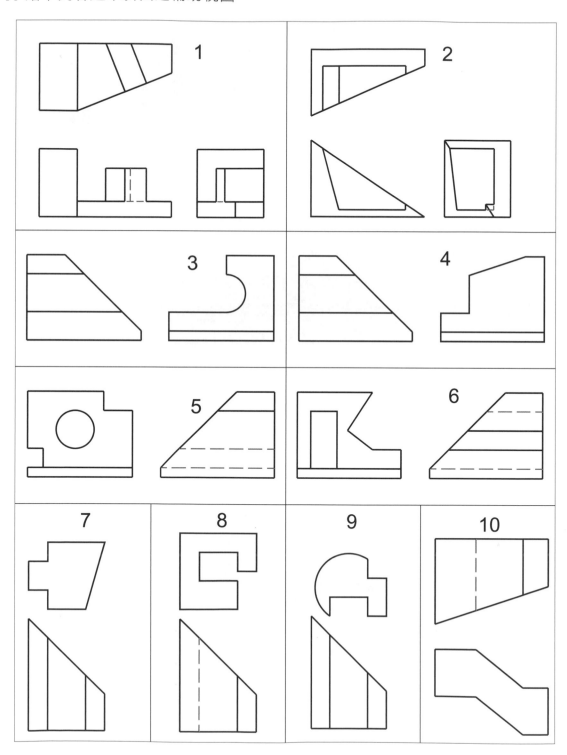

2. 繪下列各題複斜面之輔助視圖。

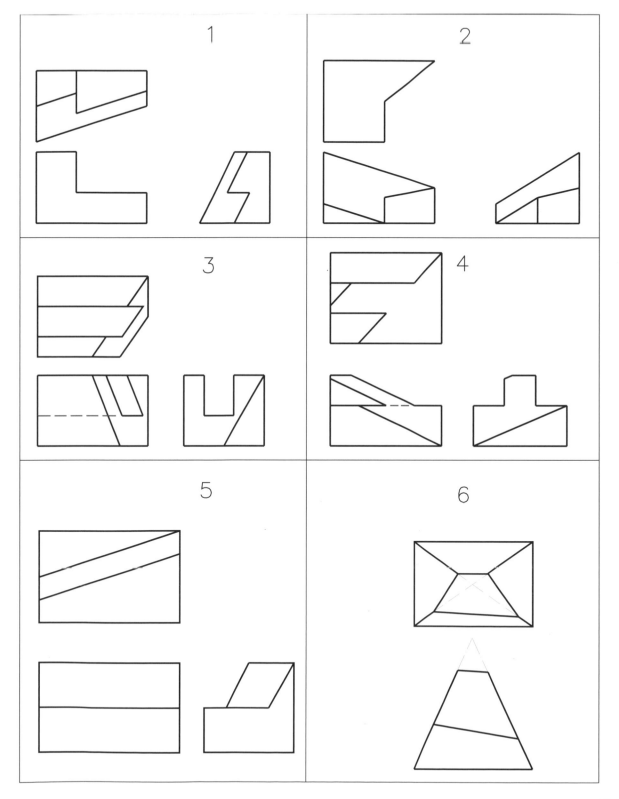

3. 繪下列各題之必要視圖。

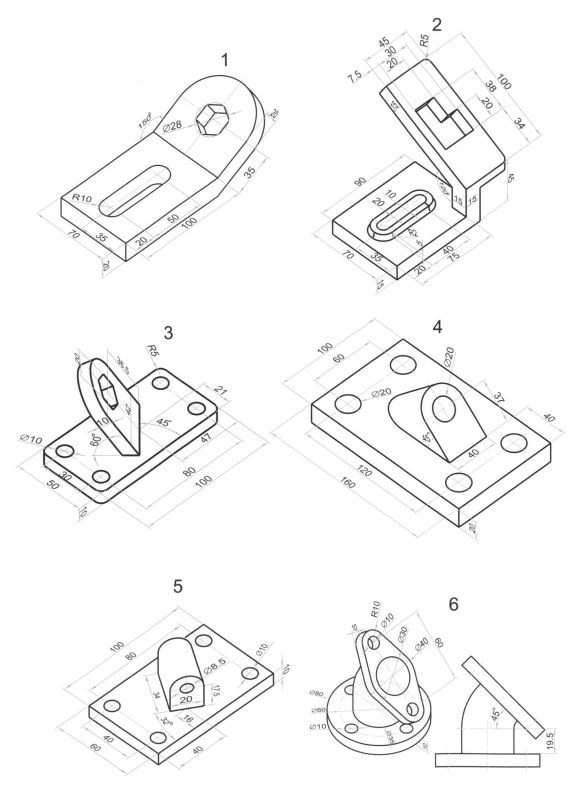

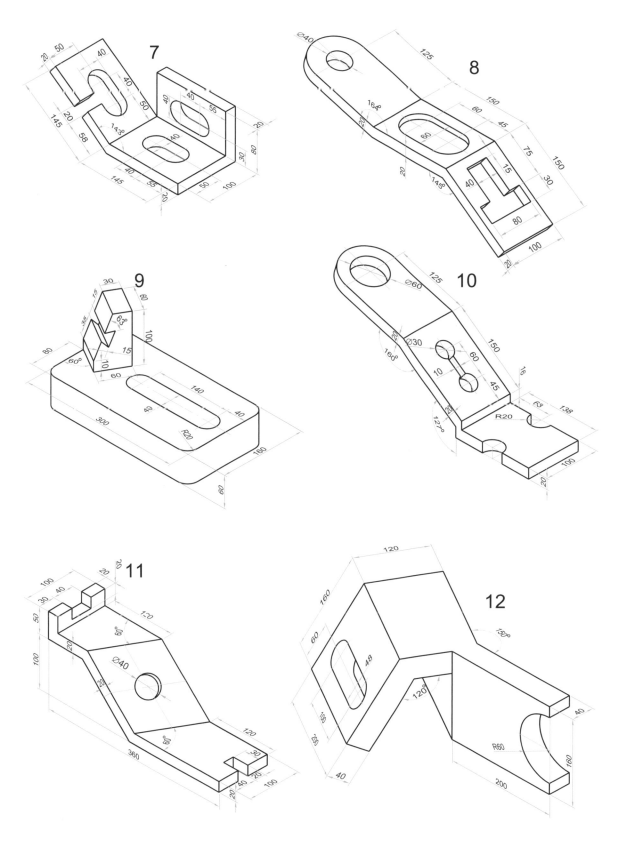

心得筆記

Chapter *16*

剖視圖

16.1 剖視概論

　　正投影視圖是繪製工程圖的最主要方法，在正投影視圖中，物體內部之輪廓須以虛線繪出，當內部構造複雜時，正投影圖會有許多虛線，如此對物體之描述會不夠清晰，因而會增加讀圖的困難度，如圖16.1(a)所示。

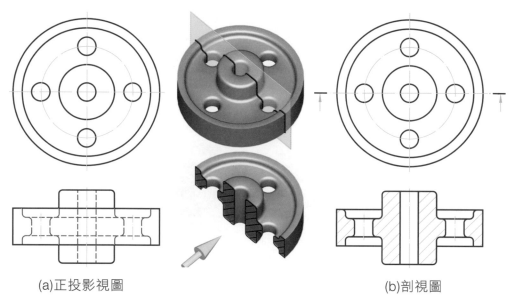

(a)正投影視圖　　　　　　　　　　　　　　(b)剖視圖

圖16.1　正投影視圖與剖視圖之比較

　　遇此情況，可用一假想切割面將物體切開，將靠近觀察者的部分移走，以顯示機件內部結構，再利用正投影原理作投影，所得的視圖即可清晰呈現機件之內部結構，如圖16.1(b)所示，此種視圖稱之為剖視圖。剖視圖之畫法及視圖之排列均與正投影視圖相同，繪工程圖時，如遇內部結構較複雜的機件，以剖視圖代替外形正投影，不但較易繪製且較為清晰。比較圖16.1(a)與16.1(b)，剖視圖無隱藏線，其視圖較為清晰。

16.2 割面及割面線

　　繪剖視圖時，假想之切割面稱之為割面（cutting plane）。割面剖切位置視需要而定，通常為通過物體之中心或內部結構較複雜的位置，割面的數量與形狀皆不受限制，可以是平面或圓曲面，或有轉折與偏置的平面，如圖16.2 所示。

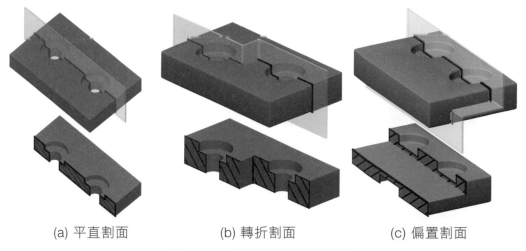

(a) 平直割面　　　　　　(b) 轉折割面　　　　　　(c) 偏置割面

圖16.2　各種不同割面形狀

割面也可以同時存在多個，但是每個割面各自獨立，即考慮某個割面之剖切效果時，需假想其他割面皆不存在，如圖16.3所示。

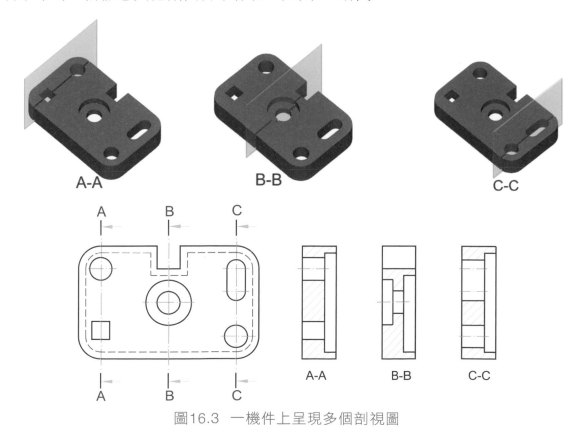

圖16.3　一機件上呈現多個剖視圖

割面必須垂直某一投影面，因此在
該投影面呈現邊視圖，通常於該位置繪
割面線（cutting plane line）以代替邊視
圖，其用途是表明割面之位置，因割面
通常通過物體的中心，因此割面線通常
位於中心線上，故割面線設計成兩端為
粗實線中間為一點細鏈線，如圖16.4。

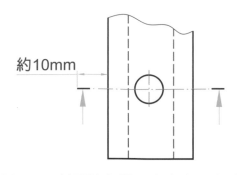

圖16.4　割面線在圖面上之表示方法

割面線的兩端需以箭頭表示剖視圖的投影方向，此箭頭較尺寸標註之箭頭
大，如圖16.5，割面線的兩端超出視圖外約10mm。

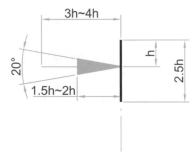

圖16.5　割面線端點處之箭頭表示法

第一角法與第三角法剖面圖之比較，如圖16.6。

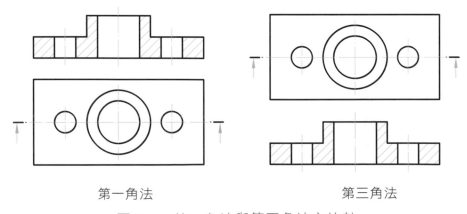

第一角法　　　　　　　　　　　　　　第三角法

圖16.6　第一角法與第三角法之比較

　　割面如有轉折時，對應之割面線轉折處須以粗實線繪出，如圖16.7。當視圖中有多個割面時，同一割面線箭頭的兩端須以字母標示，以區別不同的割面，如圖16.3所示。

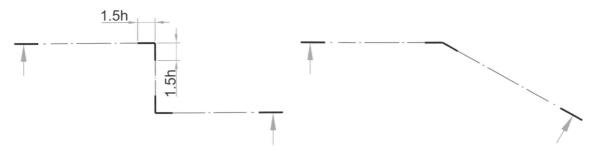

圖16.7　轉折之割面線

　　若割面剖切物體的位置很明顯時，為求簡單清晰，剖視圖中的割面線通常省略不畫，如圖16.8所示。

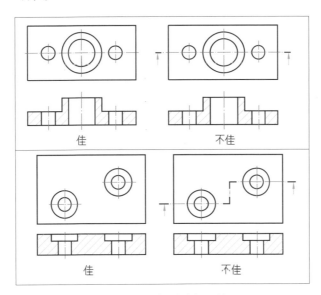

圖16.8　省略割面線

　　繪剖視圖時，假想的切割面將物體切開，將靠近觀察者的部份移走後，再利用正投影原理作投影，原在正投影視圖中以虛線繪出之不可見輪廓線，此時成為可見輪廓，皆必須畫出，圖16.9為繪剖視圖常會遺漏的線條。

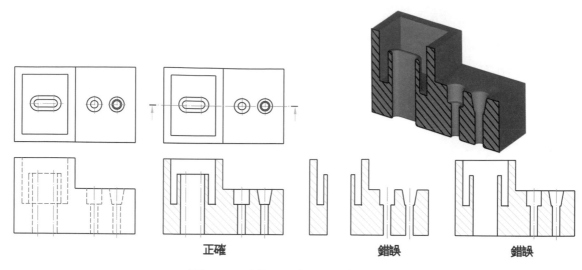

圖16.9　剖視圖常見之遺漏線條

　　剖視圖中通常以不繪出虛線為原則，因物體內部的輪廓在剖視圖中已成為可見的線條，虛線通常為物體背後的外形輪廓線，如繪出無助於物體形體的描述，反而使視圖不清晰，故以不繪出虛線為宜，如圖16.10所示，但若省略虛線無法明確表示物體形體時，則不可省略，否則須多繪出另一視圖，如圖16.11所示。

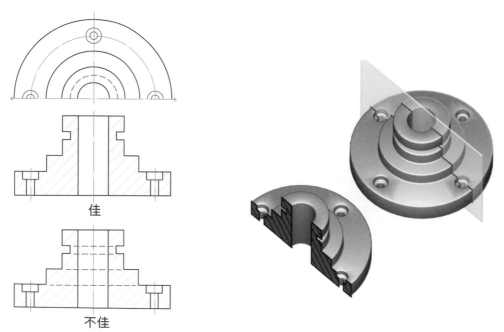

圖16.10　剖視圖中通常不繪出虛線為原則

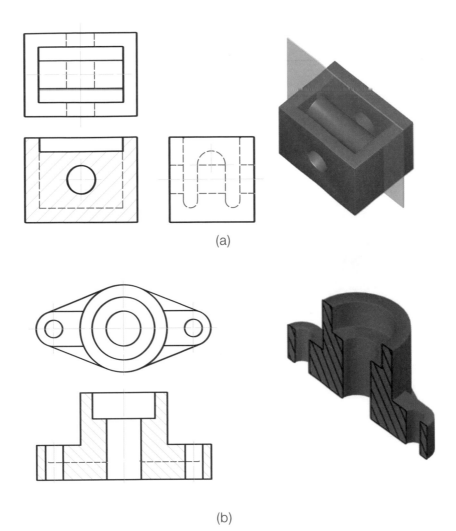

(a)

(b)

圖16.11　剖視圖中之虛線

16.3 剖面及剖面線

　　物體與假想之切割面相截交之實體面稱之為剖面(sectional plane)，如圖 16.12(a)所示。畫細斜線的區域即為假想之切割面與物體截交之剖面，為了區別 何處為被割面剖切到的實體及何處為空缺，而須在剖面區域繪等間距的平行細 實線，稱之為剖面線，如圖16.12(b)。

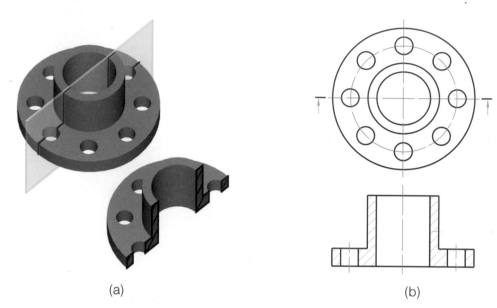

(a)　　　　　　　　　　　　　　　(b)

圖16.12　剖面及剖面線

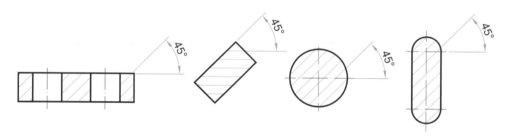

圖16.13　剖面線之方向

　　如圖16.13 所示，剖面線之繪製須平行且間隔均勻。剖面線通常與物體之外形線成45°，並避免與物體之外形線垂直或平行，如圖16.14 所示。若剖面線與物體之外形線可能垂直或平行，此時可改變剖面線的方向為30°、60°或75°等，如圖16.15所示。

　　不良,與外型線垂直　　　　　　　不良,與外型線平行

圖16.14　剖面線避免與外型線平行與垂直

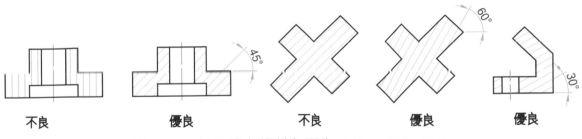

圖16.15 剖面線之傾斜角可為 30°、60°、75°

　　剖面線之間距視圖面大小而定，一般約在2~3mm，如圖16.16 所示。若物
體之剖面區域較小時，可適當縮小剖面線之間距，當剖面區域非常狹窄時，如
角鋼、墊圈、彈簧等，可將剖面區域塗黑，如圖16.17所示。

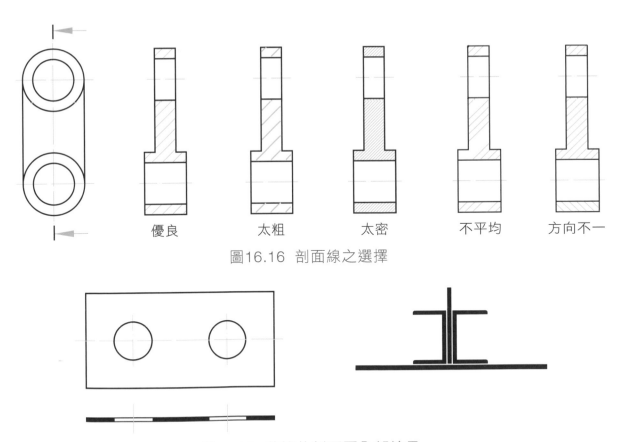

圖16.16 剖面線之選擇

圖16.17 薄機件剖面圖全部塗黑

反之，當剖面區域非常大時，中間之剖面線可省略，僅須沿著外形線繪出部分的剖面線，如圖16.18所示。

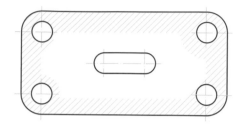

圖16.18　大型件中間剖面線可省略

同一機件之不同剖面區，其剖面線之方向與間隔須保持一致，在組合圖中，相鄰機件的剖面線須採用不同的方向或不同的間距以區別之，如圖16.19所示。

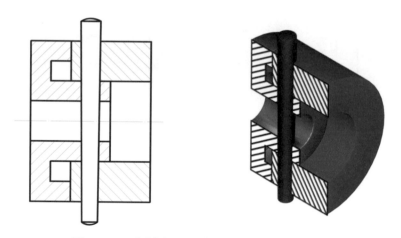

圖16.19　以剖面線的方向表示不同機件

組合剖視圖中，若須表示各機件不同的材質，其剖面線亦可採用不同之圖樣，如圖16.20所示，為美國國家標準所規定之不同材料的剖面線，惟CNS並無此規定。

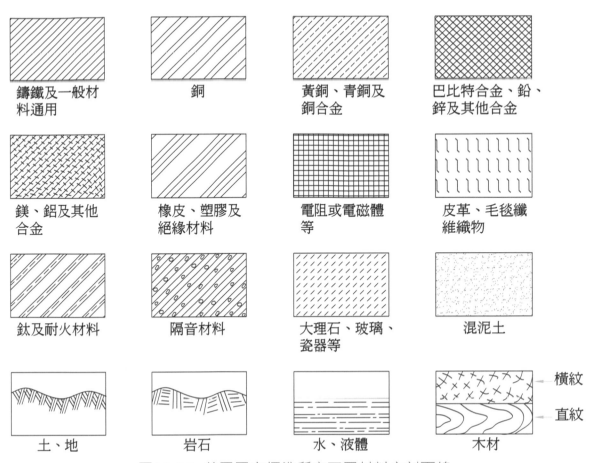

圖16.20 美國國家標準所定不同材料之剖面線

16.4 剖面的種類

剖面之方法須針對物體之形狀作適當的選擇,方能精確簡潔的表達物體的結構。主要之剖視種類有:全剖面、半剖面、局部剖面、旋轉剖面、移轉剖面、輔助剖面、階梯剖面及組合剖面等多種,分別敘述如下:

16.4.1 全剖面

當假想之割面將物體完全剖切開,其剖切方式稱之為全剖面(full section),如圖16.21。從物體的上方至下方,或從左方到右方全部切割,並移走物體前半部之後再作正投影視圖,因此可觀察到物體內部的形狀,但全剖面視圖無法呈現物體外表形狀,當物體內部結構複雜或較重要時,可採用此法。

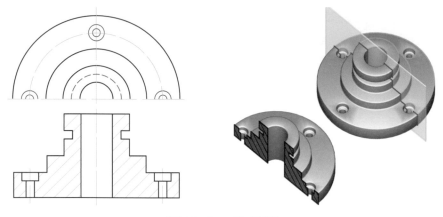

圖16.21 全剖面

16.4.2 半剖面

當物體為左右對稱或上下對稱時,可只切割中心線對稱的一半,即切除物件四分之一,再作其正投影,此時可同時表達物件內外部的形狀,此種剖切方式稱之為半剖面(half section),如圖16.22。半剖面之割面線位置必然在中心線上,故通常可省略不畫。半剖面視圖中,其中心位置雖有明顯之剖切輪廓線,但不可畫出,而需畫中心線,未剖切部分之視圖中,虛線通常省略不畫。

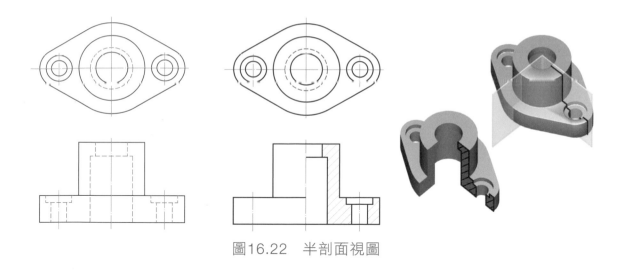

圖16.22　半剖面視圖

16.4.3　局部剖面

　　當物體僅某一部分較為複雜，不需應用全剖面及半剖面的情形時，為了求得視圖之簡單明瞭，此時可採用局部剖面。局部剖面是針對複雜部分剖切後，移走剖切的一部分，再依正投影原理繪其視圖，稱之為局部剖面（broken-out section），如圖16.23所示。另依CNS標準，其斷裂範圍須畫細的不規則折斷線。

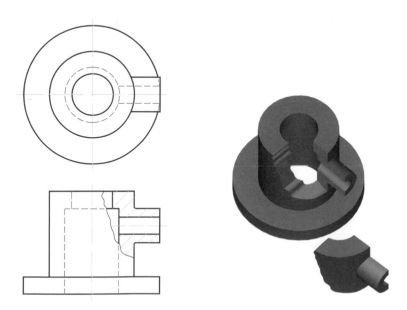

圖16.23　局部剖面

圖16.24為全剖面、半剖面及局部剖面的比較。

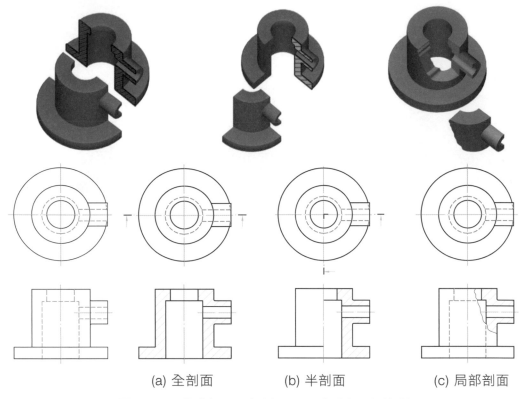

(a) 全剖面　　　　　(b) 半剖面　　　　　(c) 局部剖面

圖16.24　全剖面、半剖面、局部剖面之比較

16.4.4　旋轉剖面

此法通常為了表達機件局部之斷面形狀，假想切割面垂直於機件之方向作剖切，而後將剖切所得斷面形狀原地旋轉90°，與原視圖重疊畫出，稱之為旋轉剖面（revolved section），如圖16.25。斷面之輪廓以細實線畫出，並加畫剖面線。旋轉剖面須畫出該斷面之實際切割形狀，不可與物件之外形線相混淆。

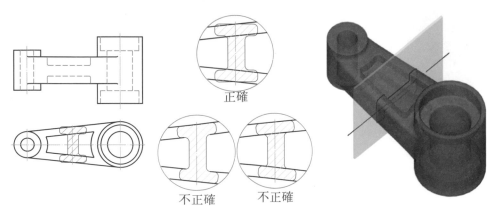

正確

不正確　　　　不正確

圖16.25　旋轉剖面之畫法(一)

　　若旋轉剖面與原視圖干涉混淆時，可將重疊處之原視圖斷裂，以凸顯旋轉剖面視圖，此時旋轉剖面之輪廓線必須改為粗實線，斷裂處之折斷線為細實線，如圖16.26。

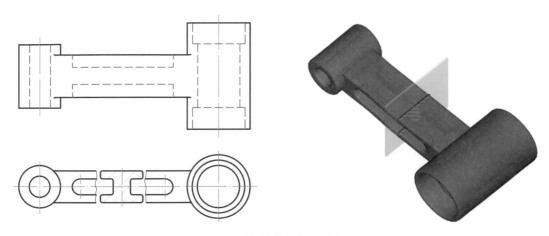

圖16.26　旋轉剖面之畫法(二)

　　旋轉剖面常用在連桿、搖臂、輪輻、肋、柄或各種型鋼等之斷面，如圖16.27。

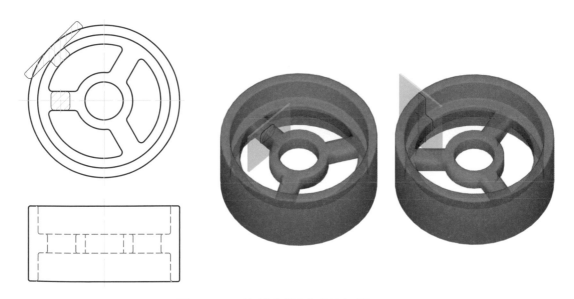

圖16.27　旋轉剖面之畫法(三)

16.4.5 移轉剖面

移轉剖面原理與旋轉剖面相同，當受到原視圖空間之限制而無法在原地繪出旋轉剖面時，此時可將旋轉剖面沿割面線方向平移，移出至視圖外適當位置再繪出，並過剖切位置與旋轉剖面間繪中心線，以顯示其對應之關係，如圖16.28(a)所示。

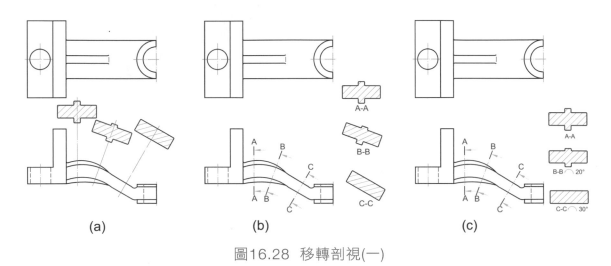

(a)　　　　　　　　(b)　　　　　　　　(c)

圖16.28　移轉剖視(一)

若無法沿割面線方向繪出移轉剖面時，亦可繪於適當之任意位置，如圖16.29及16.28(b)及所示，此時須在割面線與移轉剖面上分別標註對應之字母以資參照。移轉剖面也可作必要之旋轉，但須於旋轉後之視圖加註旋轉符號及旋轉角度，如圖16.28(c)。移轉剖面亦可放大比例繪出，但須標註其放大比例，如圖16.30所示。

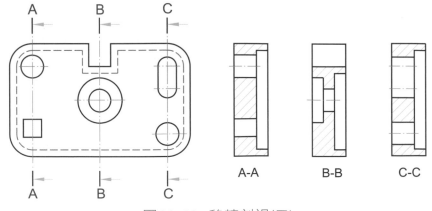

圖16.29　移轉剖視(二)

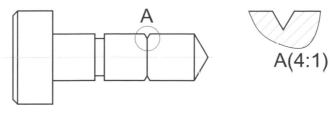

圖16.30 移轉剖視(三)

16.4.6 階梯剖面

此法與全剖面相同,又可稱之為全剖面,而不另外再分類,但本書仍依其割面之特性加以說明。如圖16.31,其與全剖面相同處為切割面皆是從左到右,從上而下剖切,惟階梯剖面之割面是彎折的割面,而非單一平面,可稱階梯剖面是全剖面方法中的特例,所以CNS將其歸類於全剖面。如圖16.31,繪階梯剖面時,因割面彎折所切割出之輪廓線不可繪出。

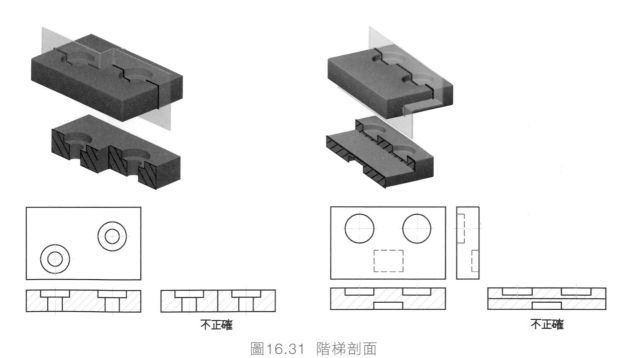

圖16.31 階梯剖面

16.4.7 輔助剖面

輔助剖面之原理與移轉剖面相同,亦為利用輔助視圖原理剖切物體之斜面,如圖16.32所示,按輔助視圖之原理放置其剖視圖,可謂移轉剖面之特例。

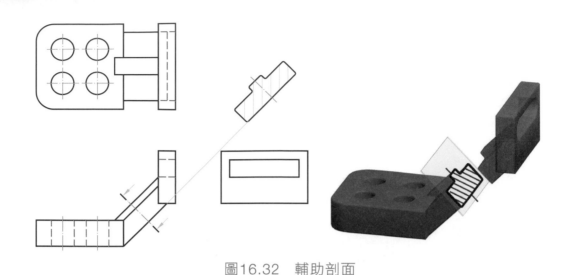

圖16.32　輔助剖面

16.4.8　組合剖面

　　對組合機件加以剖切後畫其視圖，所得之視圖稱為組合剖視圖，如圖16.33所示，機件組合後其內部結構將更形複雜，組合剖面可清晰地呈現機構內部機件之相互關係。組合剖視圖中通常僅繪出機件之可見輪廓線，相鄰機件須採用不同方向或不同間距的剖面線，同一機件之剖面線其方向與間距必須一致。

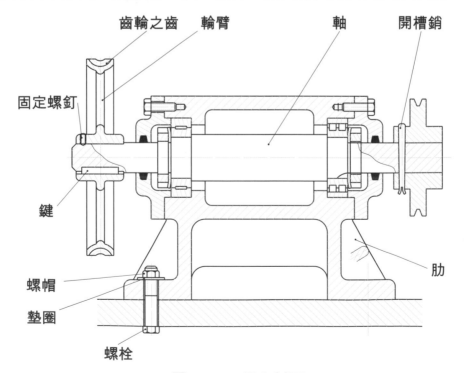

圖16.33　組合剖面

N

16.4.9 多個割面之應用

複雜的機件需繪製多個剖視圖才能清楚表達其結構，如圖16.34，而各割面之間皆各自獨立，彼此不相干，即繪製某一割面對應之剖視圖時，須假想其他割面皆不存在。每一割面線的箭頭處須以字母標明代號，並在各剖視圖上加註相同的字母以區別之。

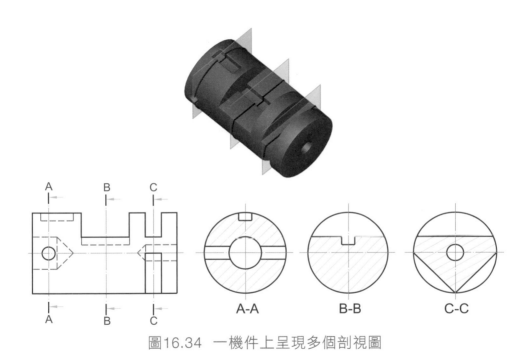

圖16.34　一機件上呈現多個剖視圖

16.5 剖視圖的一般習用繪法

有些機械零件，於繪剖視圖時未完全按投影原理繪出，反而更簡單清晰易懂，此種繪法稱之為剖視圖習用畫法。

16.5.1 不加剖切的零件

如圖16.33之組合剖視圖，許多標準零件，如定位銷（dowel pin）、斜銷（taper pin）、鍵（key）、鉚釘（rivets）、螺栓（bolts）、螺釘（screws）、螺帽（nuts）、實心軸（solid shaft）、防鬆墊圈（lock washers）、軸承之滾珠

（balls bearing）、軸承之滾柱（roller bearing）、環（ring）、墊片（gasket）等，當割面與軸心平行，通常不予剖切，但割面與軸心垂直時則予剖切，以繪出剖面線為佳。

16.5.2 一般機件斷面之習用畫法

為了表達某些機件之斷面形狀，而未完全按照旋轉剖面規定繪製，僅繪出部分之旋轉剖面，既簡便又清晰，如圖16.35。

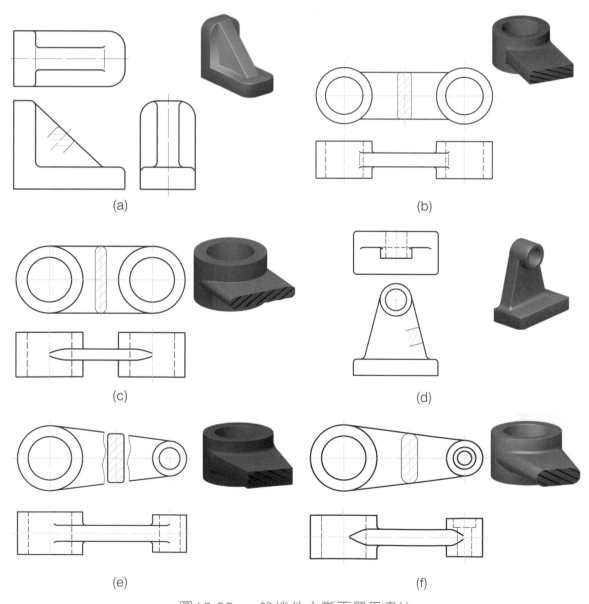

(a)

(b)

(c)

(d)

(e)

(f)

圖16.35 一般機件之斷面習用畫法

16.5.3 剖視圖中處理不加剖面之肋、耳、輻的習慣

>>>> 肋的習用畫法

割面雖經過肋、耳、輻等部分，通常不予剖切，故不繪剖面線。肋之用途為增補機件之強度，通常呈薄板狀，其剖視圖畫法如圖16.36。

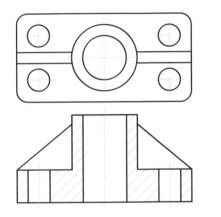 

圖16.36 肋之習用畫法

當機件上有奇數個肋、耳、輻、孔等部分，或傾斜的部位時，須依轉正視圖的原理繪其剖視圖，不論有多少個孔、耳等，皆假想以中心點為軸，將其旋轉到左右兩側且與投影面平行之位置，再行剖切，以繪其剖視圖，如圖16.37所示。

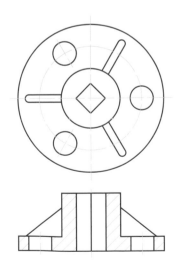  

圖16.37 肋與孔之轉正剖面

當割面平行切割肋板時不繪剖面線，如圖16.38所示之側視圖，但垂直切割肋板時則須繪剖面線，如圖16.38所示之俯視圖。

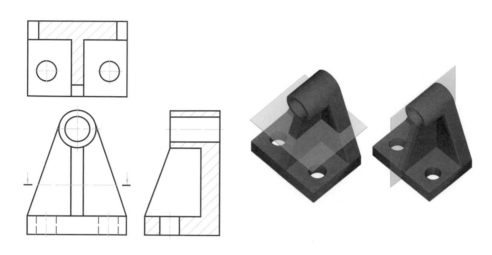

圖16.38　平行與垂直切割肋板之剖面線畫法不同

如上所述，肋或腹版（webs）在剖視圖中通常是不予剖切，但若不加以剖切易被誤解為該處為透空的情況，因而會有含糊不清之現象時，如圖16.39(b)中的物體，若肋不予剖切，則與(a)之剖視圖卻完全相同，為了避免此種誤解，可將肋加以剖切，唯剖面線須以二倍的間距繪製，稱之為交變剖面線。如圖16.39(b)所示，兩種不同間距剖面線之相鄰邊界線須以虛線繪製。

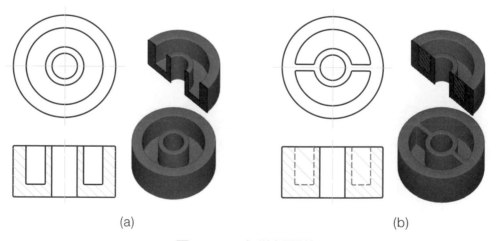

(a)　　　　　　　　　　　　　　　　(b)

圖16.39　交變剖面線

»»» 耳的處理方式

耳通常為搬運或提吊等方便而做的，具有一孔洞，結構簡單。耳也是不予剖切，但有時將耳當凸緣用，此時其外形通常較人，則加以剖切。耳之繪法如圖16.40。

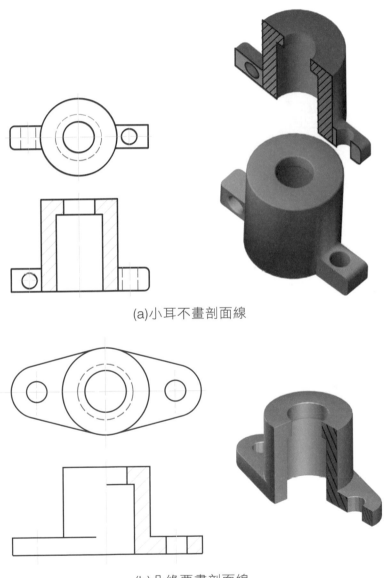

(a)小耳不畫剖面線

(b)凸緣要畫剖面線

圖16.40 耳與凸緣之剖面繪法

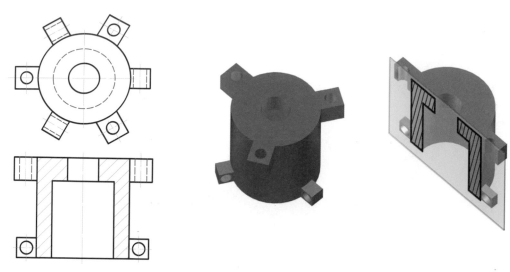

圖16.41　耳的轉正剖視

當有多個耳分佈於圖上時，須以轉正剖視圖繪製，如圖16.41。

》》》》 輪輻的習用畫法

輪輻用於連接輪緣與輪殼，通常不加以剖切，且以轉正剖視繪出，如圖16.42，其斷面形狀則以旋轉剖視表示。

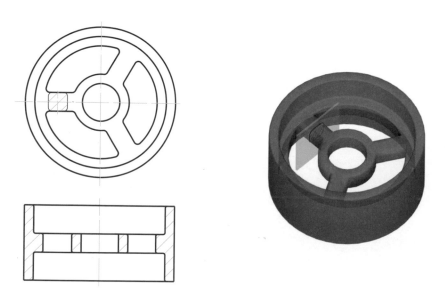

圖16.42　輪輻轉正剖面之畫法

本 章 習 題

1. 依割面線位置繪下列各題之剖視圖

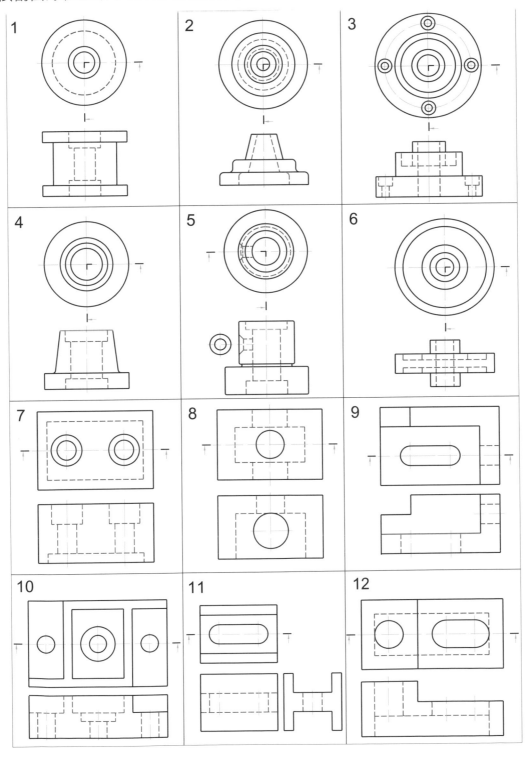

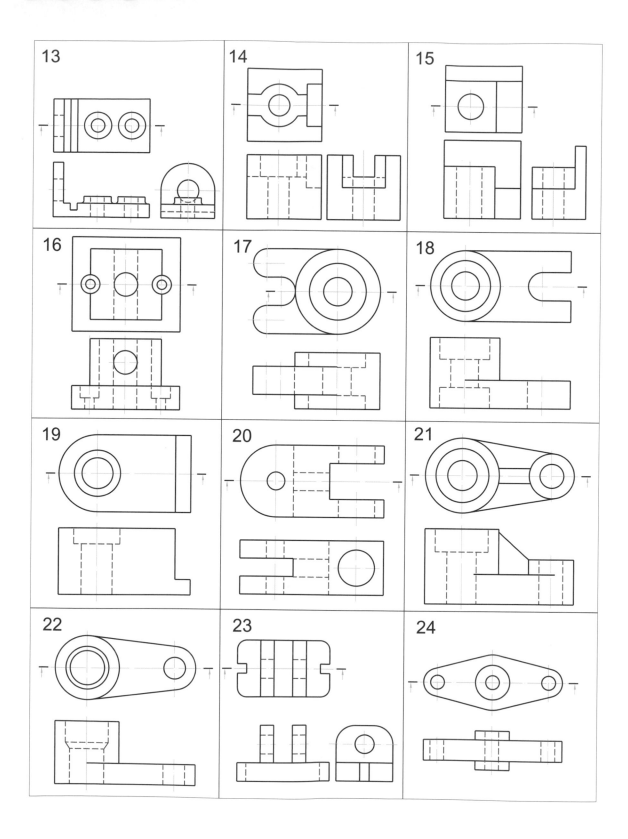

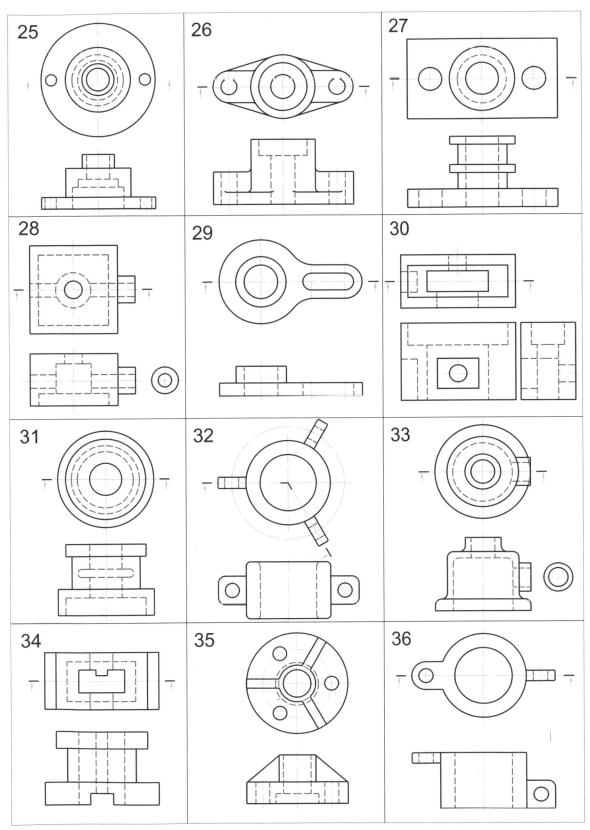

2. 繪下列各題必要之剖視圖並標註尺寸。

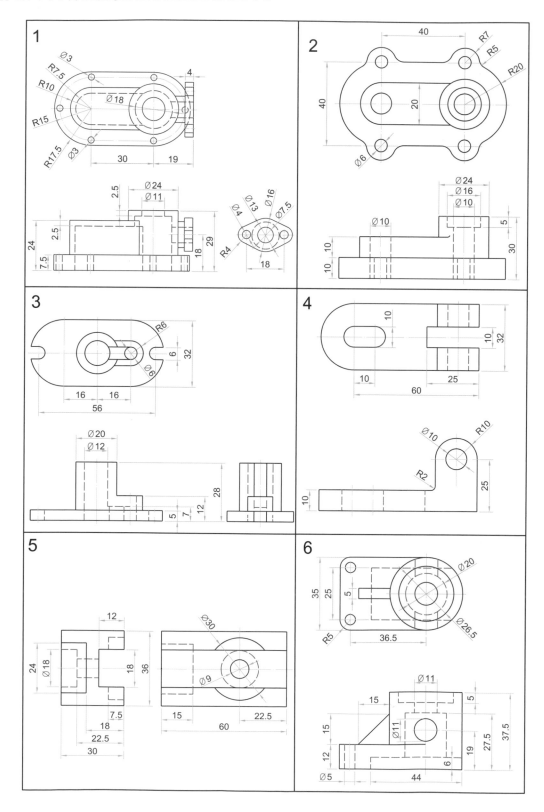

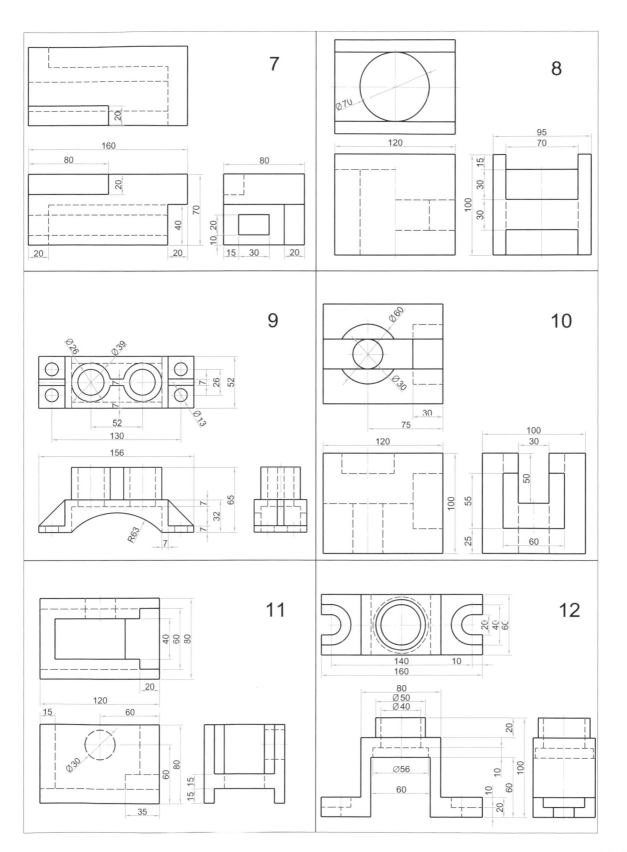

3. 繪下列各題必要之剖視圖並標註尺寸

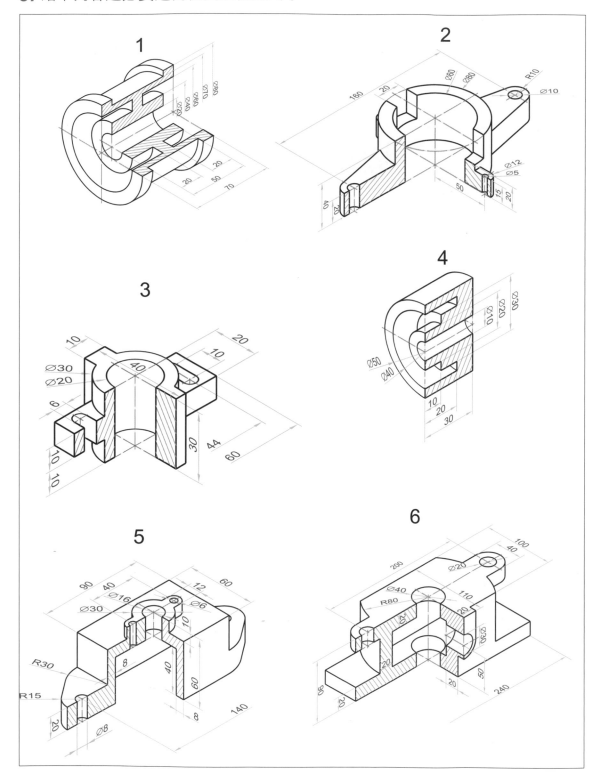

Chapter *17*

等角圖

17.1 概論

　　正投影視圖之畫法，係以多個平面視圖的組合來描述物體，可精確且詳盡的表達物體之形狀與尺寸，但讀圖者須受過相當的圖學訓練，否則不易看懂正投影視圖，對較複雜的圖常須反覆推敲才能看懂，極為耗時。立體圖則不同，因單一視圖即可顯現立體形狀，一般未受過圖學訓練的人亦能一眼即看出其形狀。產品型錄、使用說明書、操作手冊等常採用立體圖，因讀圖者大部分皆未曾受過圖學訓練，不容易看懂三視圖。立體圖亦有一些缺點，如較不易繪製且無法精確且詳盡的表達物體形狀，但隨著電腦輔助設計(CAD)技術的進步，立體圖的繪製已越來越容易。

　　常用之三種立體圖畫法有：立體正投影，斜投影，透視投影，圖17.1為同一物體之三種畫法。

(a)立體正投影　　　　　(b)斜投影　　　　　(c)透視投影

圖17.1　常用立體圖畫法

17.2 立體正投影

　　如圖17.2(a)所示為一方盒之三視圖，方盒各面皆與投影面平行或垂直，各視圖皆僅能顯現其中一面的形狀，若旋轉方盒使各面皆與投影面傾斜，如圖17.2(b)、17.2(c)所示，再以正投影的原理作投影，即投影線互相平行且垂直於投影面，由於物體之三個主要面皆與投影面傾斜而非垂直，因此能同時顯現方盒三面之投影，其投影呈現立體之視覺效果，此投影法稱之為立體正投影。

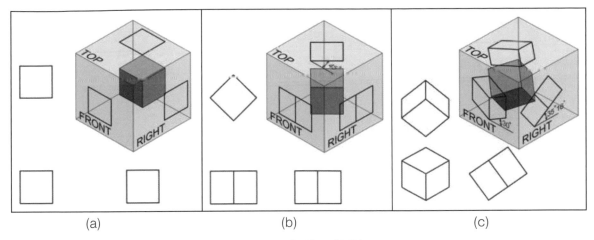

圖17.2 立體正投影

當物體之旋轉角度不同時，物體各面與投影面之傾斜角度即不同，平面之傾斜角度越大，其投影之縮短的比例即越大。隨物體旋轉角度之不同，可有無限多種立體正投影，在立體正投影中，依旋轉角之差異可作如下分類：

1. 等角投影：如圖17.3(a)所示，物體旋轉至三個主平面之傾斜角皆均等，此時物體之三個稜邊之縮小量均等，三個稜邊投影之夾角亦相等，各為120度。

2. 二等角投影：如圖17.3(b)所示，物體旋轉至其中有兩個主平面之傾斜角均等，故有兩個稜邊之縮小量及夾角相等。

3. 不等角投影：物體旋轉至三個主平面之傾斜角皆不相等，此時物體之三個稜邊之縮小量皆不等，三個稜邊之夾角也各不相等，如圖17.3(c)所示。

同一物體之三種投影之顯現效果，如圖17.3(d)所示。

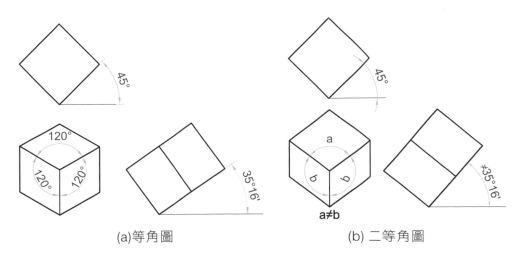

(a)等角圖   (b) 二等角圖

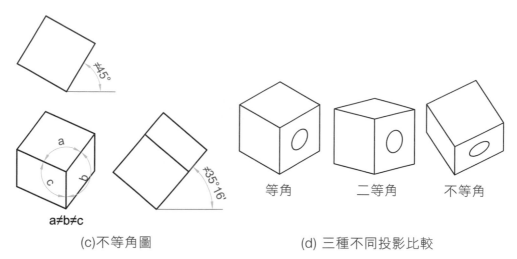

(c)不等角圖　　　　　　　　　　(d) 三種不同投影比較

圖17.3　立體正投影

17.3 等角投影

設一立方體之邊長為L，若其主平面與投影面平行，則三視圖如圖17.4(a)所示，前視圖為每邊長為L之正方形。將立方體以其稜邊OY為軸逆時針轉45度，得三視圖如圖17.4(b)所示，再以Y點為軸心旋轉立方體至其三主平面與直立投影面之傾斜角均等，如圖17.4(c)所示。此時立方體過O點之對角線恰與直立投影面垂直，故其側視圖可以O為心，旋轉視圖至對角線呈水平，其旋轉角度為35°16'，投影所得之前視圖即為立方體之等角投影。

立方體等角投影之三稜線縮收率相等(約為0.8165)，投影後其互相垂直之三稜線互成120°，此三稜線為投影所需之三軸線，稱之為等角軸。

如圖17.5所示，等角投影圖中凡是與等角軸平行的線稱之為等角線，由等角線或等角軸所包圍構成的面稱之為等角面，其餘則屬非等角線與非等角面。等角線之縮收率為定值，非等角線則不是定值，因此繪等角圖時，等角線是量度尺寸的基準，非等角線長度則不能當尺寸的量度基準，繪圖時不可依原有三視圖中之尺度值直接量度。

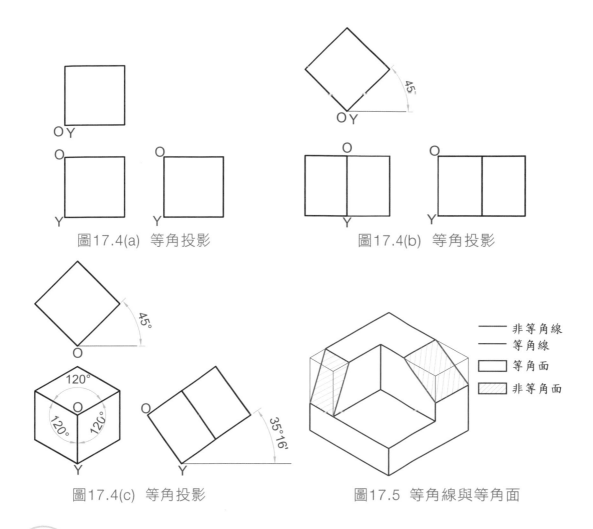

圖17.4(a) 等角投影　　　　圖17.4(b) 等角投影

圖17.4(c) 等角投影　　　　圖17.5 等角線與等角面

非等角線
等角線
等角面
非等角面

17.4 等角投影與等角尺原理

　　繪等角投影時，任一等角稜線長的縮收率皆為 $0.8165(\sqrt{2}/\sqrt{3})$，雖可計算出其繪圖的長度，但極為不便，因此可採作圖法求其長度，其作圖方法如圖17.6(a)所示，目的在求任一長度之81.65 %縮收值，此作圖法稱之為等角尺。如圖17.6(a)，作一水平線，於線上一點O分別作與水平線呈45度與30度斜線，過點O在45度線上量度所求等角線之實際長度。設實際長度為OX，過X做垂直線，與30度斜線交於點X_1， 則OX_1即為OX之81.65%長，如圖17.6(b)所示為其作圖原理。

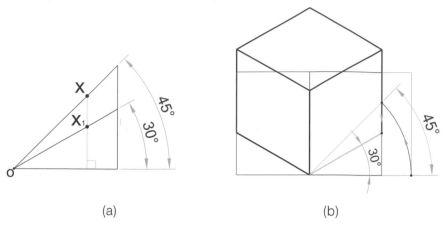

(a)　　　　　　　　　　　　　(b)

圖17.6　等角尺原理

17.5　等角圖

　　繪立體正投影的目的在於表達物體之形狀，若以真實投影大小繪出稱之為等角投影，因等角線長的縮收率為81.65%，繪圖極為不便，若不考慮縮收率，而直接將實際之長度量繪於等角線上，所得的圖稱之為等角圖。等角圖較等角投影之邊長大1/0.8165 (122%)，如圖17.7所示為等角圖與等角投影之比較。

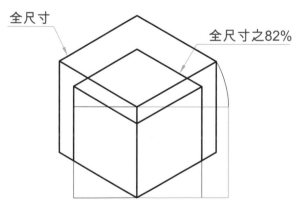

全尺寸

全尺寸之82%

圖17.7　等角圖與等角投影之比較

17.6 繪等角圖

17.6.1 方盒法

矩形物體採用此法繪圖極為方便,由正投影視圖繪製等角圖之步驟如下:

1. 已知正投影視圖如圖17.8(a)所示。

2. 決定等角軸的方向,如圖17.8(b)所示繪出互成120度之三等角軸。作一能將物體剛好包住之方盒,將方盒之長、寬、高分別量於三等角軸上。

3. 如圖17.8(c),經過上述量取點,作線平行各等角軸,得方盒之等角圖。

4. 如圖17.8(d),將各視圖等角線之尺度量繪於方盒各對應面上,並沿等角線方向求作其交點。

5. 如圖17.8(e),沿等角線逐一切割方盒,完成其餘各細節。

6. 如圖17.8(f),擦拭不必要之作圖線,並加深輪廓線。

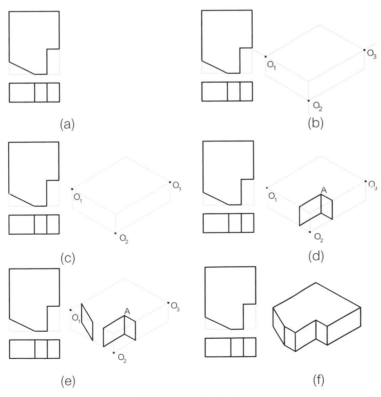

圖17.8 方盒法

17.6.2 支距法

　　繪等角圖時，與等角軸不平行的線條其正視圖上的長度與等角圖上之長度不相等，故不能直接量度非等角線長度於等角圖上，須利用支距法求出斜線兩端點之位置，再連接之以求得斜線之等角圖。

　　不規則物件其輪廓線大多為非等角線，無法直接量度其輪廓線於等角圖上，而須求各端點之位置再連接之，此時可採用支距法繪等角圖。支距法係量度各點沿三軸線方向與參考線的距離(即稱之為支距)，以定出其在等角圖中的位置，如圖17.9所示。

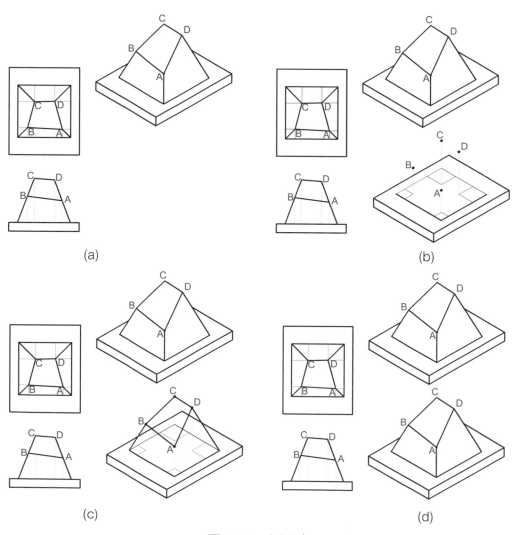

(a)　　　　(b)

(c)　　　　(d)

圖17.9　支距法

17.6.3 等角圖中之角

　　正投影視圖上之角度，在等角圖中會呈現較大或較小於實角的情況，因此亦無法直接量度，如圖17.10，須求角度各端點在等角圖上之位置，再連接各點以求得角度。

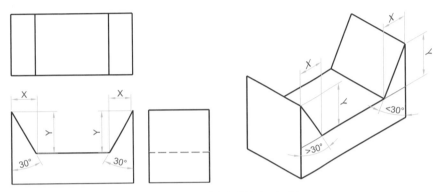

圖17.10　等角圖中之角

等角圖中角度之量測，除可用等角量角器外，亦可用圖17.11的方法如下：

1. 如圖17.11(a)所示，已知斜面與底板之夾角為120°。繪底板之等角圖，過P點作半徑為斜面長X之等角橢圓垂直於PQ，於PQ上適當點作相同半徑之正圓形。

2. 如圖17.11(b)所示，投影點R至圓上得點S，連接S與圓心得角度之基準線，過基準線量120°得點T，將T投影回等角橢圓得點A，AP即為斜面之等角圖之方位。

3. 如圖17.11(c)所示，作AP與PQ的平行線得斜面之圖形，過P點作半徑為板厚之等角橢圓垂直於PQ　，過圓上點T量90°得點U，將U投影回等角橢圓得點V，VP線交橢圓於X，過X作AP的平行線即為板厚之等角圖。

4. 如圖17.11(d)所示，依序完成其餘各點。

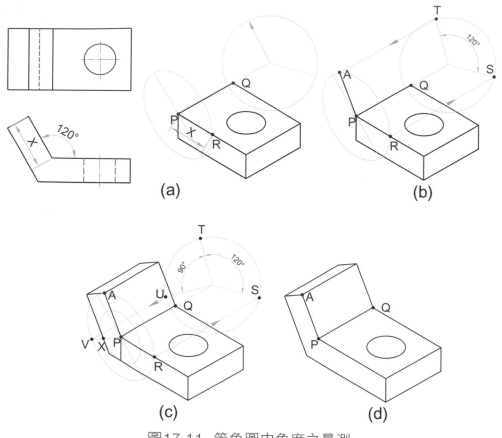

(a)

(b)

(c)

(d)

圖17.11　等角圖中角度之量測

17.6.4　等角圖中之虛線與中心線

　　等角圖中之虛線（隱藏線）通常省略不繪出，但如省略將導致無法清晰表達物體形狀時，則亦可加繪局部虛線，如圖17.12所示。中心線用來表示物體之對稱中心，等角圖通常亦省略不畫，有時為標註尺寸則可繪出，做為位置尺度之尺度界限。

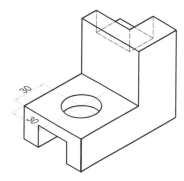

圖17.12　等角圖中之虛線與中心線

17.7 等角圖中之圓、弧線

　　物體在等角面上之圓,稱之為等角圓,在等角圖中呈現35°16'橢圓的形狀,稱之為等角橢圓,可用四心近似法繪等角橢圓,如圖17.13所示。其步驟如下:

1. 如圖17.13(a),繪圓外切四邊形對應之等角圖。

2. 如圖17.13(b)所示,作各邊之垂直平分線,得四條垂直平分線之四個交點,即為四個圓心,其中兩點恰位於四邊形之兩頂點上,故可直接連接頂點與對邊之中點,以求得四個圓心。

3. 如圖17.13(c)所示,分別以四交點為圓心,交點至對邊中點之距離為半徑,畫圓弧至下一邊之中點。

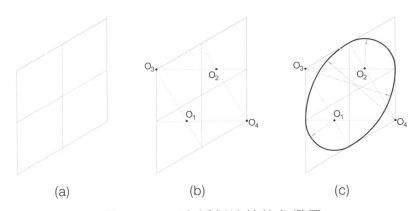

(a)　　　　　　　　(b)　　　　　　　　(c)

圖17.13　四心近似法繪等角橢圓

各等角面上之橢圓畫法如圖17.14所示。

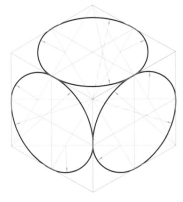

圖17.14　各等角面上之橢圓畫法

　　四心近似法較真實橢圓短胖，因此當圖上兩相切之圓以四心法繪出時，可能出現分離或相交的情況，而無法相切，如圖17.15所示，此時須改用真實畫法或用橢圓板繪橢圓。

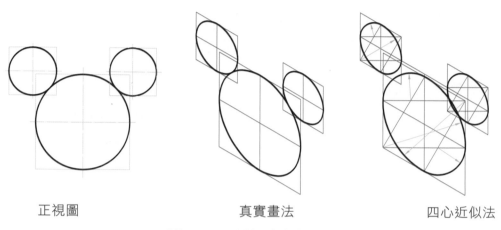

| 正視圖 | 真實畫法 | 四心近似法 |

圖17.15　近似法之誤差

　　等角圖中的圓弧其畫法與等角圓相同，惟僅須畫出部分之結構線，並求出部分之圓心以畫圓弧，如圖17.16所示，對四分之一圓者，以頂點為圓心，圓之半徑R畫弧與兩結構線相交，分別過交點作結構線之垂線，其交點即四分之一圓的圓心位置。

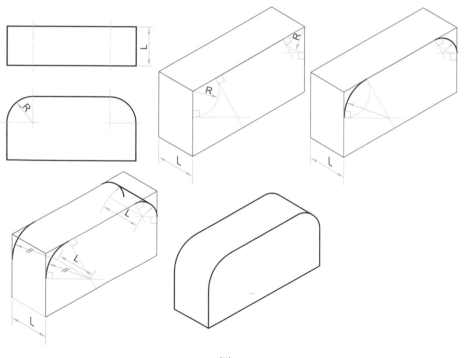

例1

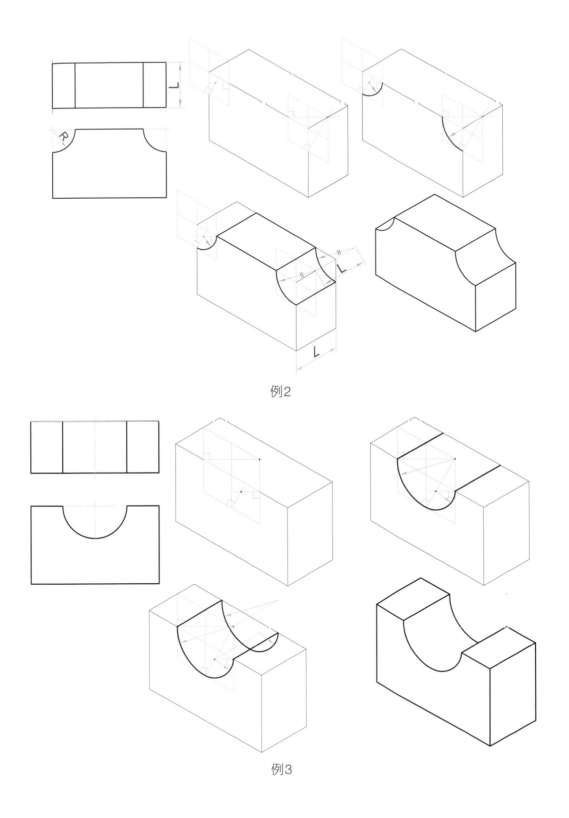

例2

例3

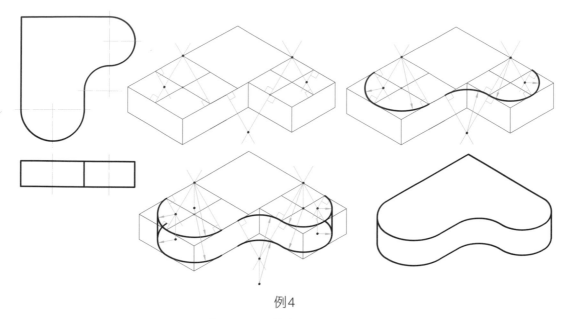

例4

圖17.16　等角圓弧畫法

　　如圖17.17所示，繪等角圓或圓弧亦可用等角橢圓板繪製，可大量節省繪圖時間，等角橢圓板上所標示之橢圓直徑值為等角橢圓之等角軸長，繪圖時選擇標示值與所繪圓之直徑相等之橢圓，旋轉橢圓模板到正確的方向，並使橢圓孔周圍之等角軸線與中心線對齊，即可正確繪出等角橢圓及圓弧。

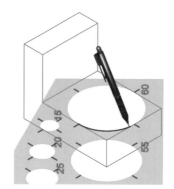

圖17.17　用模板畫等角圓弧

　　繪製圓柱或圓孔之步驟如圖17.18所示。

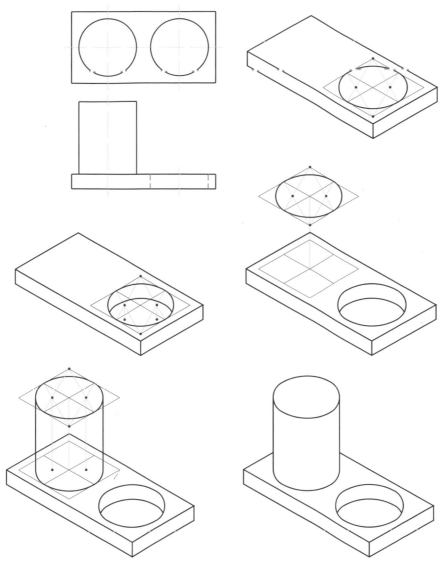

圖17.18 繪製圓柱或圓孔

17.8 等角圖中之曲線

等角圖中之曲線通常以支距法繪製，步驟如下：

1. 如圖17.19(a)，已知正投影視圖。

2. 如圖17.19(b)，先在曲線上選擇任意數點，過各點做水平與垂直支距，
   量各點水平與垂直支距至等角圖上，定出各點在等角圖之位置，最後以
   曲線板描繪連接各點。

3. 如圖17.19(c)所示，過各點畫深度線，量度深度尺度，定出深度方向之
對應點，以曲線板描繪連接深度各點。

4. 如圖17.19(d)所示，擦拭多餘作圖線，完成等角圖之繪製。

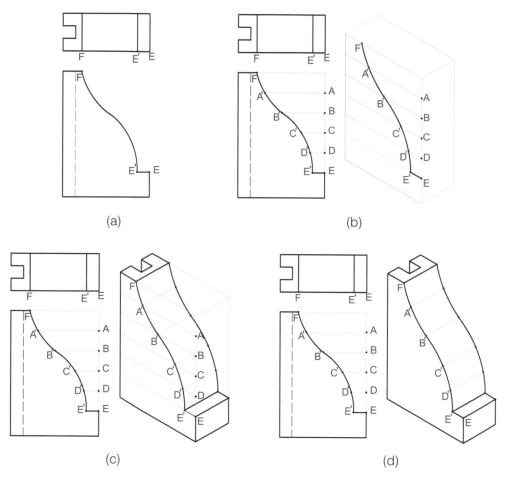

圖17.19 等角圖中之曲線

17.9 等角剖面

等角圖中之隱藏線通常省略不畫，因此無法表達物體之內部結構，遇須顯
示內部結構細節時，可繪等角半剖面圖或等角全剖面圖。

1. 等角全剖面圖：如圖17.20所示，先繪出物體被切割面之等角圖，再繪物
體後半部之圖形，切割面繪剖面線，剖面線之方向通常與等角線之夾角
呈30°。

2. 等角半剖面圖：如圖17.21，先繪出物體之等角圖，再沿等角面切除物體 1/4，同樣於切割面繪剖面線，兩切割面之剖面線通常對稱於物體之中心軸線，且與中心軸線之夾角呈30°。

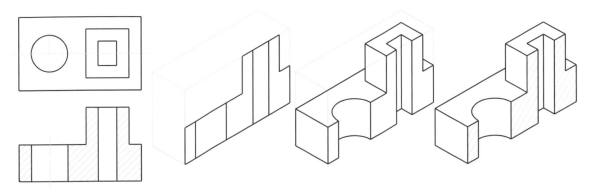

圖17.20 等角全剖面圖

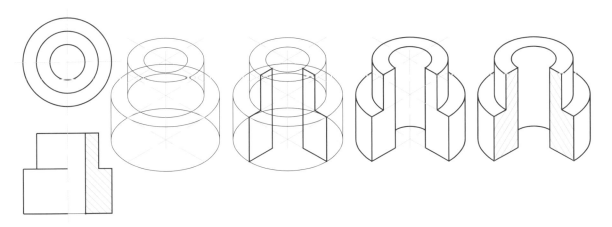

圖17.21 等角半剖面圖

17.10 等角軸之位置變換

等角圖之三等角軸互呈120°夾角，如圖17.22所示，繪等角圖時，可旋轉三等角軸的方向，以強調物體不同部位之特徵，採用不同等角軸方向可呈現不同效果，選用等角軸之方向須視所欲表達物體之特徵而定，如圖17.23所示，欲強調物體底部時，可反轉等角軸，以顯現底部特徵。

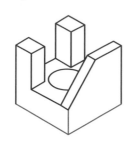

圖17.22　等角軸之位置變換（一）

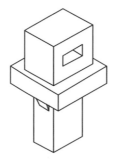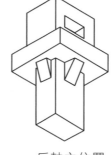

正常軸之位置(表現不佳)　　　　反軸之位置

圖17.23　等角軸之位置變換（二）

　　較細長之物體常將最長尺度的等角軸置於水平方向，以獲得較自然之視覺效果，如圖17.24所示。

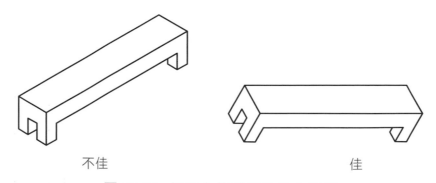

不佳　　　　　　　　　　　　　　　佳

圖17.24　細長之物體等角軸之選擇

17.11　二等角圖

　　三軸線之夾角當中有兩角相等時所繪製之圖即為二等角圖，此時有兩軸線之縮短比例相同，常用之二等角圖三軸間之夾角如圖17.25所示，軸線附近的數字為各軸對應縮收比率。

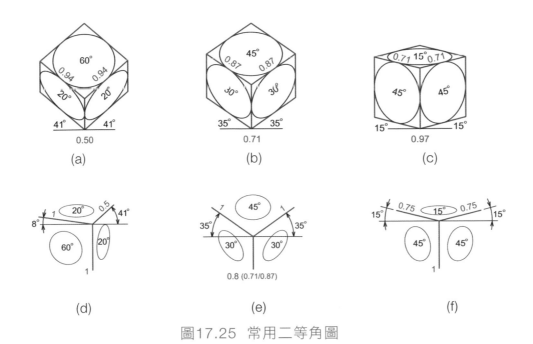

圖17.25 常用二等角圖

　　繪二等角圖時，須製作縮收比例尺，以轉換任一長度對應之繪圖長度，如圖17.26所示為縮收比例尺之製作例，除三軸之夾角與縮收比例不同外，繪圖步驟與等角圖相同。

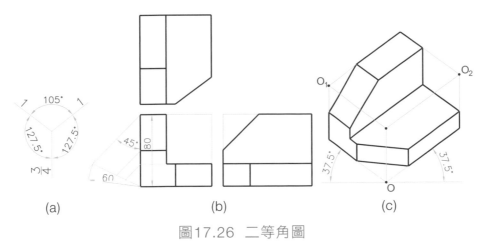

圖17.26 二等角圖

繪圖步驟：

1. 定三軸的方向與縮收比例，如圖17.26(a)所示。

2. 作縮收比例尺，如圖17.26(b)所示。

3. 移測各尺寸至二等角圖上，完成二等角圖之繪製，如圖17.26(c)所示。

17.12 不等角圖

當物體之三主平面與投影面之夾角皆不相等時，則物體三軸線之正投影的夾角互不相等，因此三軸線之縮收比例各不相同，所繪得視圖稱之為不等角圖，當選定三軸線的夾角，及選定一基準軸後，必須先求另兩軸之縮收比例。

如圖17.27所示為不等角圖常用軸間角，若三軸之縮收比為0.82：0.91：0.71，三面之橢圓角度分別為45、25、35度，由於有現成之橢圓板可用，繪圖較為方便。

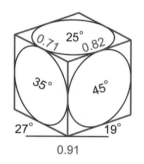 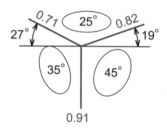

圖17.27　常用不等角圖之軸間角

本章習題

1. 繪下列各題之等角圖。

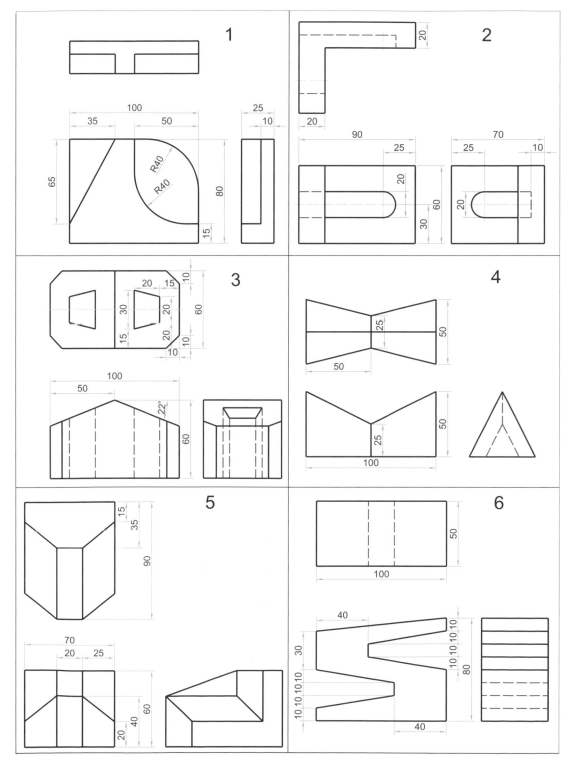

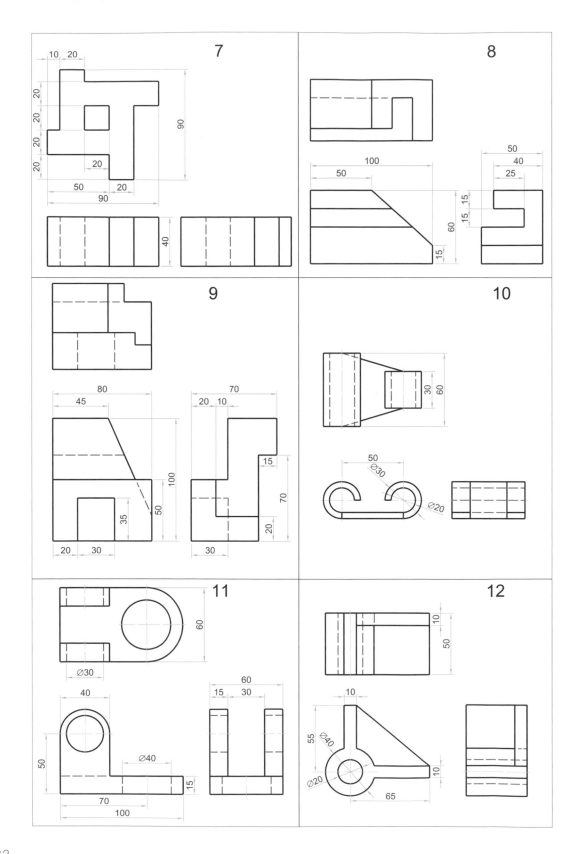

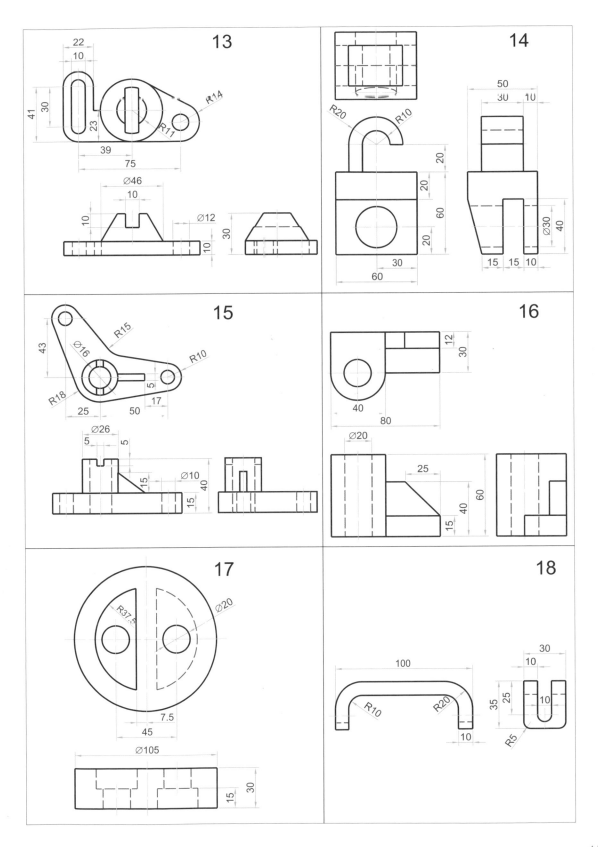

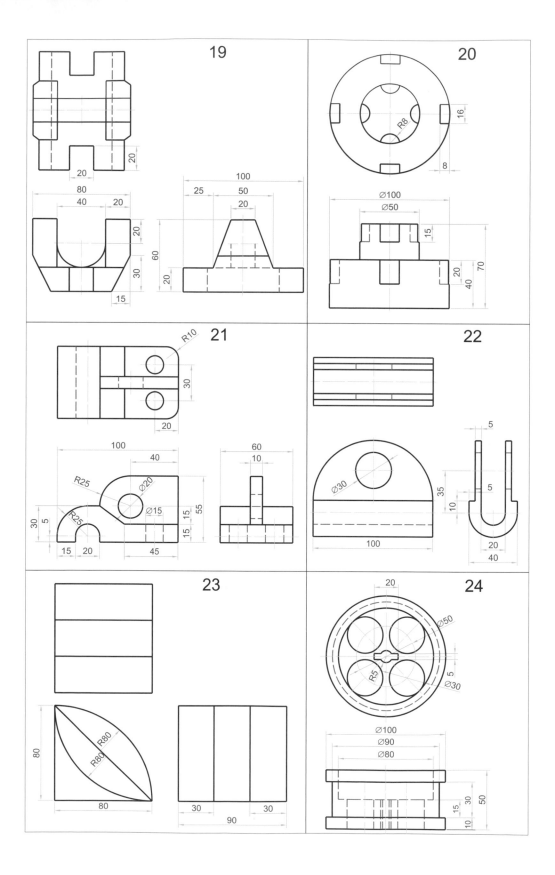

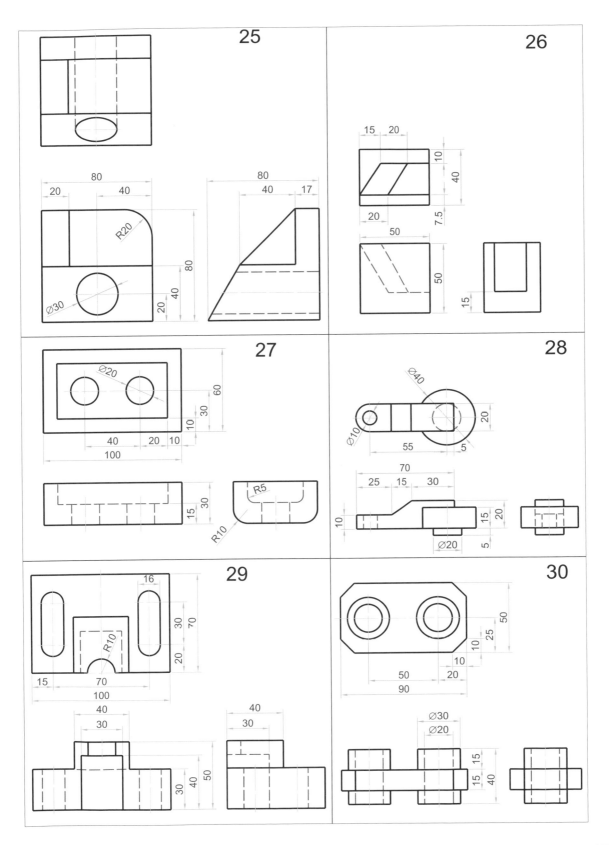

25

26

27

28

29

30

心得筆記

Chapter *18*

斜投影

18.1 概論

　　當投影線互相平行，但與投影面不垂直所得之投影，稱之為斜投影。作斜投影時，常置物體之一主平面與投影面平行，圖18.1為同一物體之正投影圖、斜投影圖、透視投影圖與等角圖之比較。

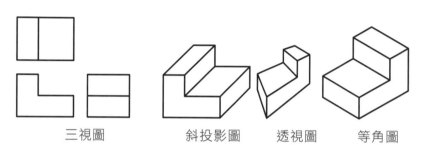

　　三視圖　　　　　　斜投影圖　　　透視圖　　　等角圖

圖18.1　正投影與斜投影之比較

　　斜投影中，若一平面與投影面平行，如圖18.2，其斜投影呈現實形，投影位置則隨投影線的方向而變。與投影面垂直之直線，其投影亦隨投影線之方向與角度而變，若一直線與投影面垂直，如圖18.3，當投影線與投影面夾角呈45°時，其投影長剛好等於實長，當投影線與投影面夾角增加時，其投影長度變短，反之其投影變長。

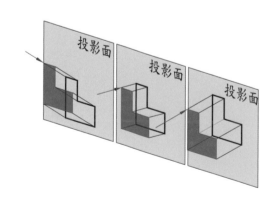

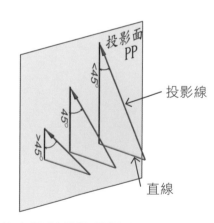

圖18.2　投影位置隨投影線之方向而變　　　圖18.3 線之投影長隨投影線方向而變

如圖18.4所示，當紅色直線與投影面垂直時，任一與投影面成45°夾角之投影線對紅色直線作投影，所得的投影皆為實長，僅方位有所不同。與投影面垂直之任一直線，其投影結果取決於投影線與投影面之間的夾角及投影線的方向。

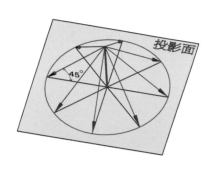

圖18.4　投影線成45°夾角時不同方向之投影

斜投影中，若置一方盒物體之一主平面與投影面平行，則該主平面之投影呈現實形，主平面之兩軸的斜投影成直角相交，分別稱之為水平軸及垂直軸，與投影面垂直之另一軸的投影稱之為斜軸或後退軸，後退軸之投影長度與方位則視投影線與投影面夾角而定，若夾角等於45°時，其比例等於1，若夾角大於45°時，其比例小於1，反之則大於1。

由正投影視圖繪斜投影的步驟如下：

如圖18.5(a)所示，繪水平線表示畫面之俯視圖，及繪垂直線表畫面之側視圖，繪出物體之俯視圖與水平線貼齊，表示置物體之主平面與投影面重合，繪出物體之側視圖與垂直線貼齊，選定投影線方向，繪投影線與水平線夾 α 角，與垂直線夾 β 角。

如圖18.5(b)所示，過俯視圖各點作投影線之平行線與水平線相交，與過側視圖對應點作投影線之平行線與垂直線相交，分別投射至前視圖相交即得斜投影圖。

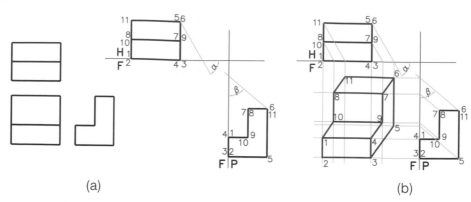

(a)　　　　　　　　　　　　　　(b)

圖18.5　由正投影視圖繪斜投影

18.2 斜投影之種類

理論上，投影線的夾角與方向不同時即可得到不同斜投影圖，依斜軸的長度與實長的關係，常用斜投影畫法分成兩種：

1. 等斜投影

等斜投影畫法中，三軸中有兩軸（即水平軸與垂直軸）之夾角為90°，另二夾角任意但不為90°，水平軸、垂直軸與斜軸方向之尺度皆以1：1：1繪出。

2. 半斜投影

半斜投影畫法中，三軸中有兩軸（即水平軸與垂直軸）之夾角為90°，另二夾角任意但不為90°，水平軸、垂直軸與斜軸方向之尺度分別以1：1：1/2繪出。

除上述兩種外，有時為得到更佳視覺效果，亦可採用其它比例，圖18.6所示為三種不同比例斜投影之比較。

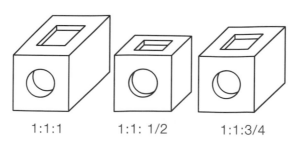

1:1:1　　　　1:1: 1/2　　　　1:1:3/4

圖18.6　三種不同斜軸比例斜投影之比較

18.3 斜軸之角度

理論上斜軸之角度有無限多種，但為繪圖方便常採用30°、45°、60°等三種角度，包括上下左右方向，及半斜與全斜可組合成各種畫法如圖18.7所示。

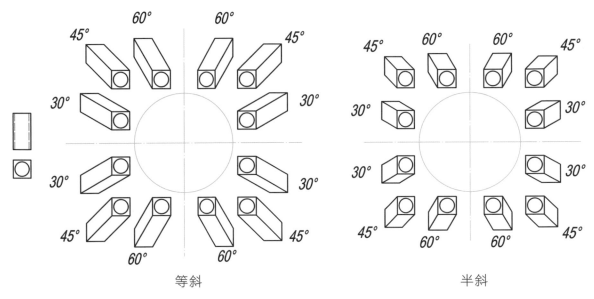

等斜　　　　　　　　　　　　　　半斜

圖18.7　斜軸之角度

斜軸方向的選擇甚為重要，選擇不當時，無法清晰表達物體之特徵，如圖18.8所示。

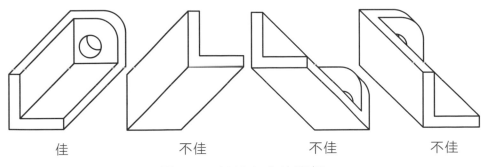

佳　　　　不佳　　　　不佳　　　　不佳

圖18.8　斜軸方向的選擇

此外，改變斜軸角度可強調物體不同面向之細節，如圖18.9所示，當斜軸的角度大時，物體頂面特徵的顯示較顯著，角度小時側面特徵的顯示較顯著。

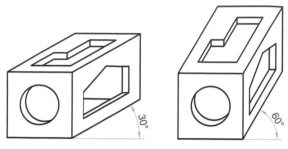

圖18.9　斜軸角度大小之比較

18.4　物體方位之選擇

　　繪製斜投影圖時，通常會選擇物體之某一主要面與投影面平行，所有與投影面平行的面其投影皆呈現實形，因此可由正投影中直接移測尺寸，以其實形繪製，故通常選有圓弧的面或較複雜的面與投影面平行，如此不但不會變形，且可直接以圓弧繪製，節省繪圖時間，如圖18.10所示。

佳　　　　不佳　　　　不佳　　　　佳　　　　不佳　　　　不佳

圖18.10　通常選有圓弧之面或較複雜之面與投影面平行

　　斜投影視圖中，斜軸不像透視圖收斂於一點，因此距離愈遠失真愈大，故斜投影視圖中，常將物體最長尺度的面置於與投影面平行，或改以半斜投影繪出，如圖18.11所示。

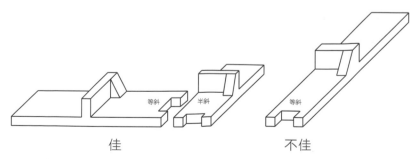

佳　　　　　　　　　　不佳

圖18.11　長尺度的面置於與投影面平行或改以半斜投影繪製

18.5 方盒法繪斜投影圖

》》》 方盒法

矩形物體採用此法繪圖極為方便,由正投影視圖繪製斜投影圖之步驟如下:

1. 如圖18.12(a)所示,已知物體之正投影視圖。

2. 如圖18.12(b),決定三軸的方向, 繪出水平軸、垂直軸及45度的斜軸, 作一能將物體剛好包住之方盒,將方盒之長、寬、高分別量於三軸上。

3. 如圖18.12(c),經過上述量取點,作線平行三軸,得方盒之斜投影圖。

4. 如圖18.12(d),將各視圖之尺度量繪於方盒各對應面上。

5. 如圖18.12(e),逐一完成各細節。

6. 如圖18.12(f),擦拭不必要之作圖線,並加深輪廓線。

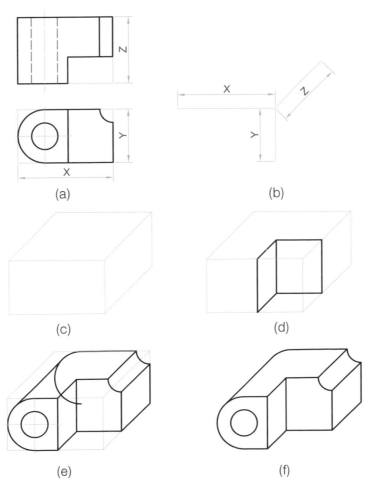

圖18.12 方盒法繪製斜投影圖

18.6 支距法

　　不規則物件若其輪廓線與斜投影之三軸線不平行，無法直接量度其輪廓線於斜投影圖上，而須求各端點在斜投影圖上之位置再連接之，此時可採用支距法繪斜投影圖。支距法係量度各點沿三軸線方向與參考線的距離(即稱之為支距)，以定出其在斜投影圖中的位置，請參考18.9節之畫法。

18.7 中心線構圖法

　　當機件主要是由圓形特徵所構成時，用此法繪製斜投影圖最為方便。繪圖時須選定機件之主要圓弧與投影面平行，定出各圓弧之圓心後，直接以圓規繪出各圓弧。如圖18.13之機件，其繪製步驟如下：

1. 如圖18.13(a)，已知物體之正投影視圖。

2. 如圖18.13(b)，選擇適當基準中心，如圖之圓心A、B，繪一水平軸線，於線上定基準圓弧之圓心A、B，過圓心繪45°的斜軸，定其餘各圓心之位置。

3. 如圖18.13(c)，過各圓心繪中心線與圓弧。

4. 如圖18.13(d)，繪圓弧之切線，逐一完成各輪廓線及細節。

5. 如圖18.13(e)，擦拭不必要之作圖線，並加深輪廓線。

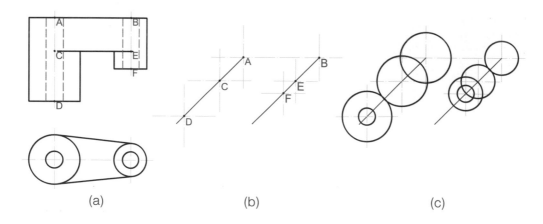

(a)　　　　　　　　　　　(b)　　　　　　　　　　　(c)

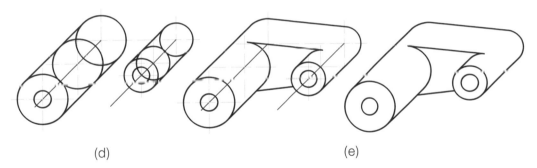

(d)   (e)

圖18.13 中心線構圖法

18.8 斜投影之圓、弧線

物體在斜投影圖中實形面之圓弧可直接用圓規繪出，其餘在非實形面之圓弧其斜投影則呈橢圓狀，且隨斜軸角度之不同而變化。如圖18.14，等斜投影之橢圓可用四心近似法繪製，步驟如下：

1. 繪圓外切四邊形對應之斜投影圖。

2. 做各邊之垂直平分線，得四條垂直平分線之四個交點，即為四個圓心。

3. 分別以四交點為圓心，至邊之中點為半徑畫圓弧，各弧相切於各邊中點。

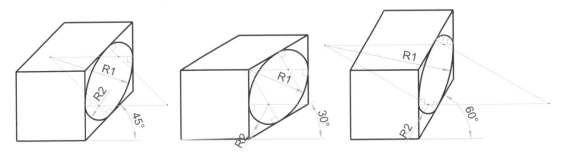

圖18.14 四心近似法繪橢圓

等斜投影圖中的圓弧其畫法與斜投影橢圓相同，惟僅須畫出部分之結構線，並求出部分之圓心以畫圓弧，如圖18.15所示，對四分之一圓者，以頂點為圓心，圓之半徑R畫弧與兩結構線相交，分別過交點作結構線之垂線，其交點即四分之一圓的圓心位置。

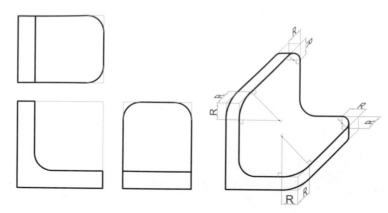

圖18.15 等斜投影圖中之圓弧

如圖18.16所示，非等斜投影無法用四心法繪製，可用支距法繪出。

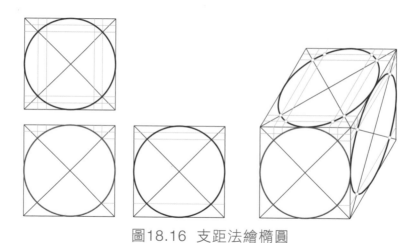

圖18.16 支距法繪橢圓

圖18.17為另一繪斜投影圖圓弧例。

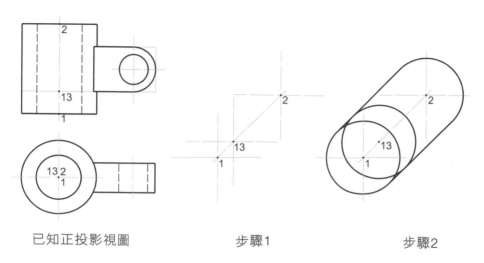

已知正投影視圖　　　　　　步驟1　　　　　　步驟2

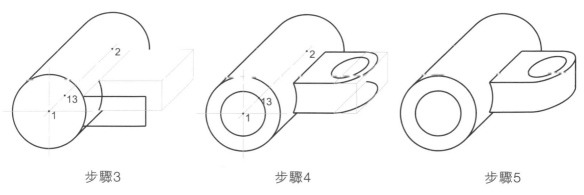

步驟3　　　　　　　　　　步驟4　　　　　　　　　　步驟5

圖18.17　斜投影圖中圓弧之繪製

18.9 斜投影之曲線

斜投影圖中之曲線通常以支距法繪製，如圖18.18所示，其步驟如下：

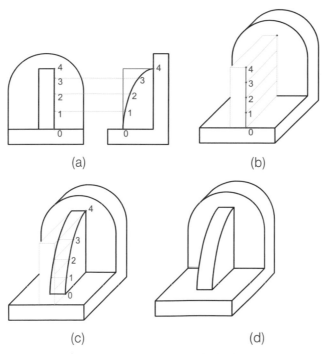

(a)　　　　　　　　　　　　　　　(b)

(c)　　　　　　　　　(d)

圖18.18　斜投影圖中之曲線

1. 如圖18.18(a)所示，先在曲線上選擇任意數點，過各點作水平與垂直支距。

2. 如圖18.18(b)所示，繪物體主要架構。

3. 如圖18.18(c)所示，量各點水平與垂直支距於斜投影圖上，定出各點在斜投影圖之位置，最後以曲線板描繪連接各點，過各點畫深度線，量度深度尺度，定出深度方向之對應點，連接各點完成曲線之繪製。

4. 如圖18.18(d)所示，去除作圖線完成斜投影圖之繪製。

圖18.19所示之截切圓柱，可在前視圖之圓弧作適當的劃分，於側視圖上定各點之支距，並移繪於斜投影圖上，最後以曲線板描繪連接各點成橢圓弧。

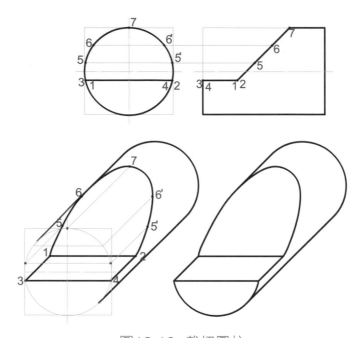

圖18.19　截切圓柱

18.10 斜投影剖面圖

斜投影圖中之隱藏線通常省略不畫，因此無法表達物體之內部結構，遇須顯示內部結構細節時，可繪斜投影半剖面圖或斜投影全剖面圖，其畫法與等角剖面相似。

1. 斜投影全剖面圖：其繪法與等角剖面圖類似，如圖18.20所示，先繪出物體被切割面之斜投影圖，再繪物體後半部之圖，切割面繪剖面線，剖面線之方向通常與水平線之夾角呈30°。

2. 斜投影半剖面圖：如圖18.21所示，先繪出物體之斜投影圖，再沿垂直軸、水平軸及斜軸方向切除物體1/4，同樣於切割面繪剖面線，兩切割面之剖面通常對稱於物體之中心軸線。

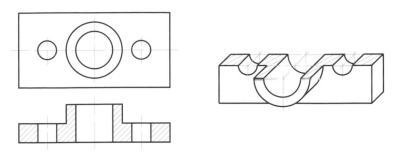

圖18.20 斜投影全剖面圖

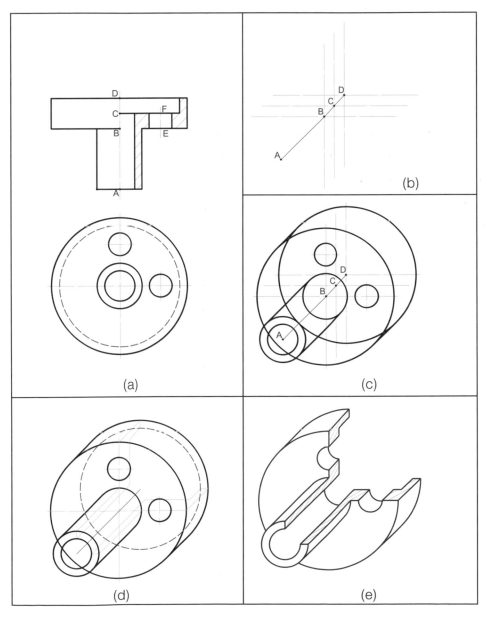

圖18.21 斜投影半剖面圖

本 章 習 題

1. 以適當比例繪下列各題之斜投影圖。

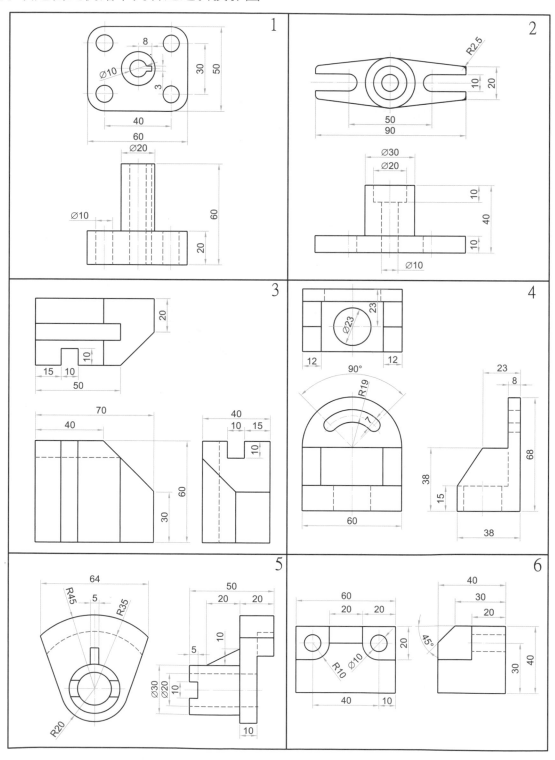

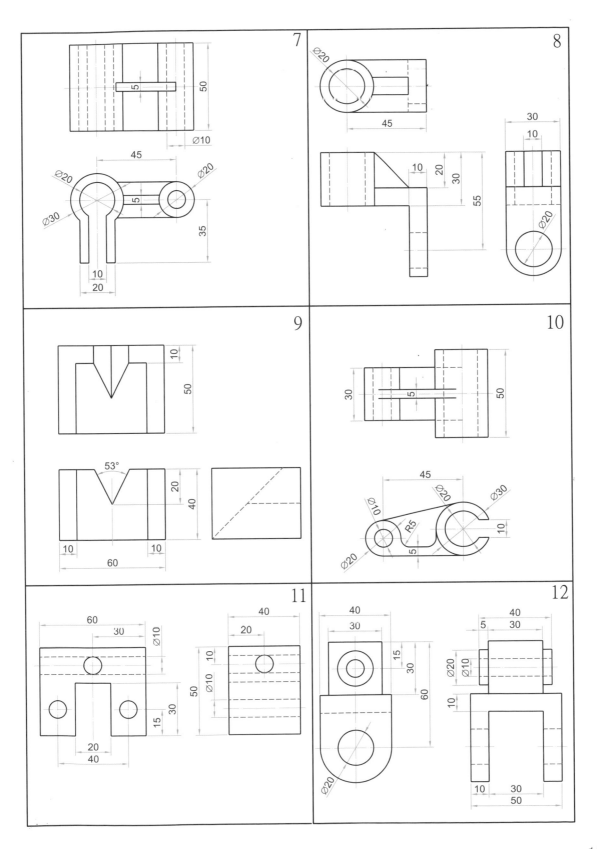

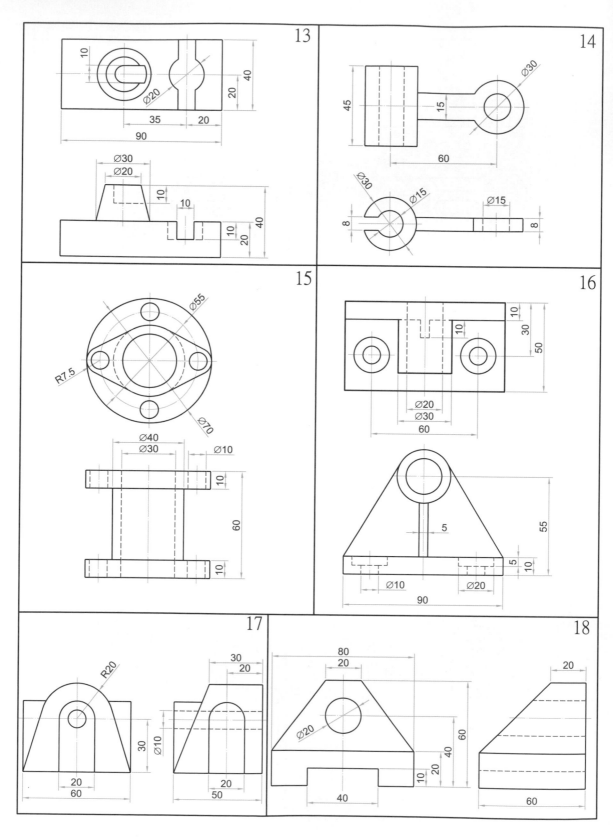

Chapter *19*

透視投影

19.1 透視投影基本觀念與常用術語

　　若將一透明投影面（或稱為畫面）置於觀察者眼睛與物體之間，觀察者站在有限的距離內看物體，由眼睛發出之視線呈輻射狀，故視線交於一點（即觀察者之視點－眼睛），由觀察者眼睛至物體各點投射之視線與畫面相交所構成之圖形稱之為透視圖。如圖19.1，透視圖與觀察者眼睛所見之影像相同，因其投影線互不平行，所得投影的圖形其大小會隨觀察者、畫面或物體三者之間距離不同而改變。

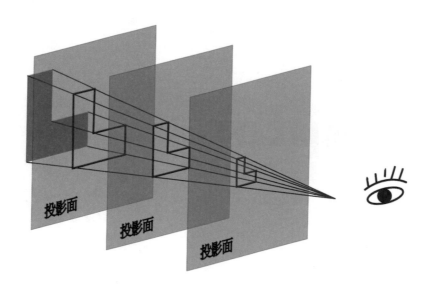

圖19.1

透視投影中之常用術語及代號(圖19.2)：

1. 地平面(Ground plane)：又稱基面，為觀察者所在之水平地面，以GP表示，地平面與畫面垂直。

2. 畫面(Picture plane)：在觀察者前方，且垂直於地平面之垂直面，以PP表示，用來形成透視圖之投影面。

3. 地平線(Ground line)：地平面與畫面之交線，以GL表示。

4. 視點(Station point)：亦稱駐足點（Standing point），為觀察者眼睛所在之點，簡稱SP。

5. 視平面(Horizon plane)：與地平面平行，與視點同高度之水平面，以HP表示。

6. 視平線(Horizon line)：視平面與畫面相交之線，以IIL表示。

7. 視軸(Axis of vision)：通過視點垂直畫面之視線，以AV表示。

8. 視中心(Center of vision)：視軸與畫面之交點，以CV表示。

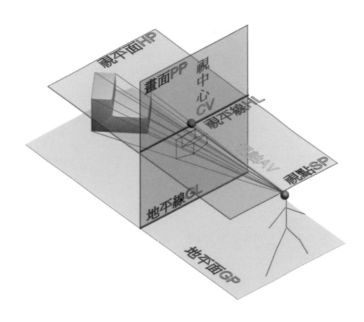

圖19.2　透視投影中之常用術語及代號

作透視投影時，依物體三主平面之放置位置與畫面之關係可分為三類如下：

1. 一點透視(One-point perspective)

若物體之一主平面與畫面平行時，則所作之透視投影稱為「一點透視」，或稱之為「平行透視」(Parallel perspective)，如圖19.3(a)所示，一點透視為透視中最易繪製者。

2. 二點透視(Two-point perspective)

若物體有兩主平面與畫面成一角度時，則所作之透視投影稱為「二點透視」，或稱為「角透視」(Angular perspective)，如圖19.3(b)，為最常用之透視畫法。

3. 三點透視(Three-point perspective)

若旋轉物體使三主平面皆與畫面成一角度，或無任一主平面與畫面平行，所作之透視投影稱為「三點透視」，或稱為「傾斜透視」(Oblique perspective)，如圖19.3(C)。

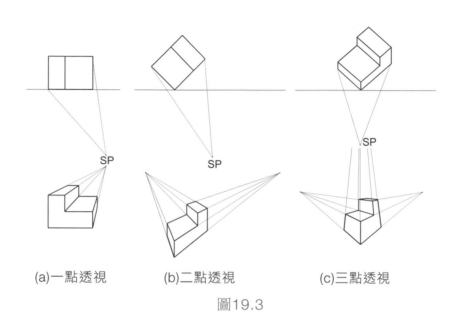

(a)一點透視　　　(b)二點透視　　　(c)三點透視

圖19.3

19.2 物體、畫面與駐點間之關係

透視投影與人的眼睛所見之物體影像相似，當面向一筆直的道路觀看道路兩旁的路燈或路樹時，愈遠方的路燈顯得愈小且靠得愈近，目之所及的最終點、道路及兩旁路燈皆收斂集中在一點，其高度與視平線同高，即為消失點，如圖19.4所示。

圖19.4 消失點

透視投影的影像取決於物體、畫面、視點三者間之相互關係位置，分別敘述如下：

1. 當畫面與物體間的距離保持固定，則視點離畫面愈遠其投影愈大，如圖19.5(a)。

2. 當物體與視點間的距離保持固定，則畫面離物體愈近其投影愈大，如圖19.5(b)。

3. 當畫面與視點間的距離保持固定，則物體離畫面愈遠其投影愈小，如圖19.5(c)。

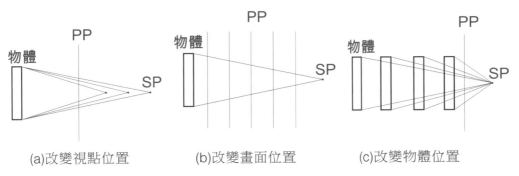

圖19.5 物體、畫面、視點三者間之相互關係位置

19.3 視點位置之決定

透視圖中，視點表示觀察者眼睛所在位置，須謹慎選擇，以避免圖形失真。若視點太靠近畫面且偏離中心太多，則所得之投影效果如同看電影時坐在前排靠邊之位置，失真極大。因此視點與畫面、物體之相對位置須適當，衡量視點位置之要素如下：

1. 側視角(Lateral angle of view)

如圖19.6，從視點位置作投影時，最外側兩投影線水平方向之夾角 θ 稱之為側視角。視點愈靠近畫面時側視角愈大，側視角太大時物體之線條收斂太快，圖形透視效果太過強烈，側視角一般約選擇在20°～30°之間。各種側視角所得透視效果之比較如圖19.6所示。

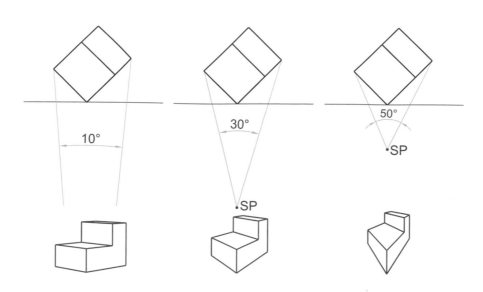

圖19.6 各種不同側視角所得透視效果之比較

2. 正視角(Elevation angle of view)

正視角約在20°～30°之間，為垂直方向之視角。如圖19.7所示，為不同正視角之透視效果比較。

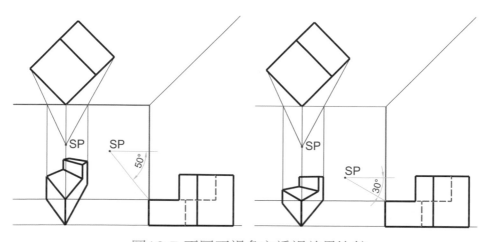

圖19.7 不同正視角之透視效果比較

3. 視點高度

視點高度相當於觀看物體時眼睛之高度，視點的高度即視平線之位置。投影大型物體時，通常將視點（或視平線）高度定在地平線上方約1.6m處，以使投影效果如同人站立於地面觀看建築物。投影小型物體時，通常將視點

（或視平線）高度定在物體上方，使能顯示頂面。除非欲顯示物體底面，否則較少選擇視點（或視平線）位於物體下方。圖19.8為各種不同視點高度之投影效果比較。

綜合上述各點，選取視點時宜注意下列兩原則：

(一) 視點之位置，均應稍微偏離物體中心但勿太遠，以免造成呆板難看或失真之透視圖。

(二) 側視角與正視角約在20°~30°間較佳。

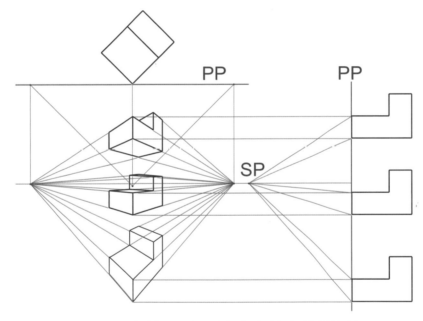

圖19.8 各種不同視點高度之投影效果比較

19.4 由正投影視圖繪製透視圖

19.4.1 一點透視圖畫法

一點透視為物體之一主平面與畫面平行，故一點透視又稱平行透視。圖19.9所示為一點透視之基本畫法，其繪製步驟如下：

1. 先以正投影法畫物體之俯視圖及側視圖,在每一視圖畫出畫面之邊視圖PP。

2. 決定視點SP之位置,分別繪視點之俯視圖 SP_t 及側視圖 SP_r。

3. 以物體上之一點H為例,其透視投影求法如下:連接 SP_t 及H之俯視圖與畫面交於 H_t,過 H_t 作垂線向下,連接 SP_r 及H之側視圖與畫面交於 H_r,過 H_r 作水平線,兩者之交點即為H透視投影。

4. 同H點的求法,逐一求出其他各點,並依物體之形狀連接各線段即可完成全圖。

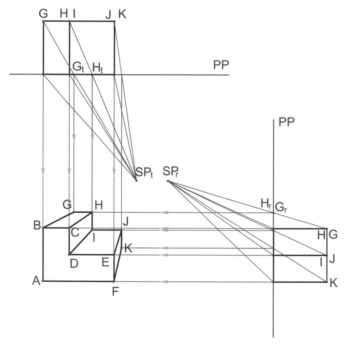

圖19.9 一點透視圖畫法

繪一點透視圖時如利用下列性質將可簡化繪圖步驟:

1. 與畫面接觸之面其透視投影顯現真實形狀,故可直接由俯視圖向下及側視圖向水平方向定出其位置與形狀,如圖19.9中之ABCDEF平面。

2. 與畫面平行之直線,其透視投影之方向維持不變,如圖19.9中之GH直線原為水平,故獲得H點之投影後,可過H點之透視投影作水平線以求得G之投影。

3. 若物體之主平面上有曲線或圓，可將此面貼於畫面，則曲線或圓可顯現實形，或置於與畫面平行的位置，可得尺寸可能縮小或增大但形狀相似的圖形。如圖19.10所示，1234平面與畫面接觸，其透視投影顯現實形。半圓形面與畫面平行，故其透視投影保持正圓的形狀，可分別求出圓心A、B，及半徑長度點C、D，即可畫出各圓弧。作前後兩圓弧之切線，其它線條可利用平行的性質完成之。

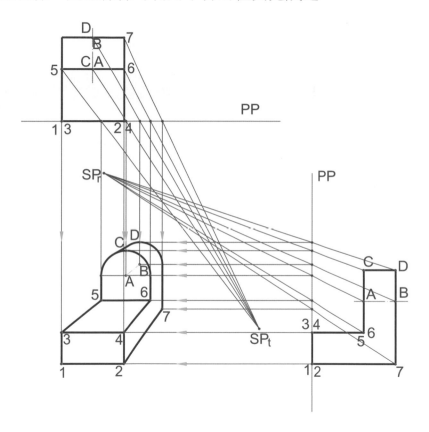

圖19.10 圓弧之一點透視圖畫法

19.4.2 二點透視圖畫法

如圖19.11，係以正投影之原理繪二點透視之方法，步驟如下：

1. 與一點透視不同，物體之主平面與畫面不平行，故須先旋轉俯視圖至適當角度繪製，及繪旋轉後對應之側視圖。

2. 其餘之繪圖步驟與一點透視相似，決定視點SP之位置，分別繪視點之俯視圖 SP_t 及側視圖SP_r。

3. 以物體上之一點E為例，其透視投影求法如下：連接 SP$_t$及E之俯視圖與畫面交於E$_t$，過E$_t$作垂線向下。連接 SP$_r$及E之側視圖與畫面交於E$_r$，過E$_r$作水平線，兩者之交點即為E點的透視投影。

4. 同E點的求法，逐一求出其他各點，並依物體之形狀連接各線段即可完成全圖。

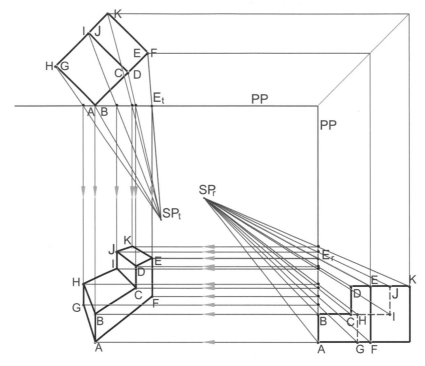

圖19.11　二點透視圖畫法

19.4.3 三點透視圖畫法

當物體之三主平面皆與畫面不平行時，所作之透視投影稱為三點透視，如圖19.12所示，故須先旋轉俯視圖至如同二點透視方位，及繪旋轉後對應之側視圖於俯視圖之右側（或左側），步驟如下：

1. 於適當位置選取視點之俯視圖SP$_t$，物體側視圖下作畫面之邊視圖及視點之側視圖SP$_r$。過視點之側視圖SP$_r$作畫面邊視圖之垂線，即為視軸。

2. 於適當位置畫水平線表示畫面之視平線HL，作為透視投影高度之量度基準。

3. 以物體上之一點D為例，其透視投影求法如下：連接SP_r與D之側視圖與畫面相交於D_1，過交點作水平線，連接 SP_t及D之俯視圖與水平線相交於D_2，過交點作垂線向下，D之透視投影位於此垂線上，D之透視投影與視平線HL之距離由側視圖中交點D_1與視軸之距離測移，即為D透視投影。亦可如兩點透視畫法，連接SP_r及D之側視圖與畫面交於D_r，過D_r作水平線，兩者之交點即為D點的透視投影。

4. 同D點的求法，逐一求出其他各點，並依物體之形狀連接各線段即可完成全圖。

　由圖示得知，以此種方法繪製透視圖繁雜且費時，為了節省時間，可利用下節所介紹之幾種簡捷的方法來繪製。

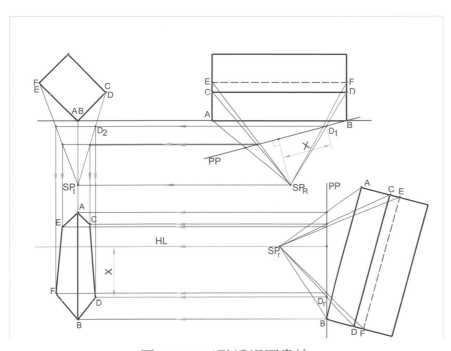

圖19.12 三點透視圖畫法

19.5 消失點法(Vanishing point method)

　若視點SP與畫面PP間之距離不變，則物體離畫面愈遠其投影之影像愈小，物體移至無窮遠處時，則其投影影像成為一點，此點稱之為消失點

（Vanishing Point），簡稱為VP。一組平行線無限延長時，延長端之透視投影皆收斂於同一點，即其消失點皆為同一點。當這些平行線與地平面平行時，其消失點位於視平線HL上。

如圖19.13，當物體之長度延伸至無窮遠處時，視線趨於與延伸邊線之方向平行，故過視點作與延伸之邊線平行的視線與畫面相交，過交點作垂線與視平線HL之交點即為消失點VP。同一組平行的邊線其消失點皆為同一點。對一般物體，可分別求物體之兩組平行線之消失點，如圖19.13(b)所示，習慣以VPR與VPL表示左、右兩個消失點。

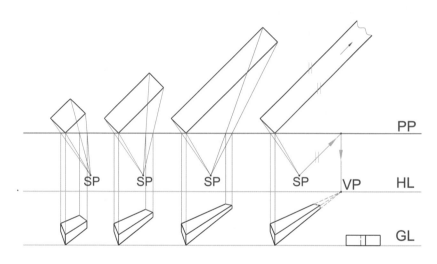

圖19.13(a)

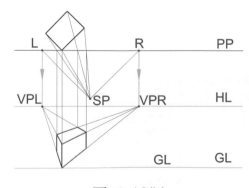

圖19.13(b)

19.5.1 消失點法畫一點透視

如圖19.14所示,係以消失點法畫一點透視,步驟如下:

1. 先以正投影法畫物體及畫面之俯視圖,及物體前視圖(或側視圖)和GL線。為避免前視圖與透視圖重疊,將前視圖向右移動適當距離。決定視點SP、視平線HL之位置。

2. 過視點SP作垂線,與視平線HL之交點即為消失點VP。過俯視圖垂直向下及前視圖水平向左處,繪出物體與畫面接觸之面的實形,並過實形面各頂點分別與VP連線。

3. 作視點SP與俯視圖各點連線與畫面相交,過交點作垂線與步驟二之對應線相交得各交點,並依物體之形狀連接各線段即可完成全圖。

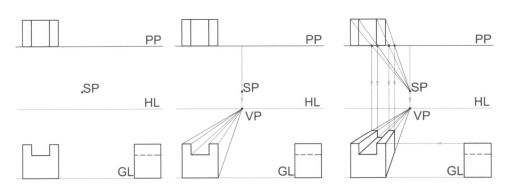

圖19.14 消失點法畫一點透視

19.5.2 測定線法(Measuring line method)

透視圖中,只有貼於畫面上的線方能顯現其真實長度,故可由俯視圖向下垂直投影,及過側視圖(或前視圖)水平投影得其透視圖,或由俯視圖向下垂直投影及直接量度定其位置與大小。在畫面後方者其透視圖會縮短,反之則增長。不在畫面上的線無法直接量度,可假想將該線沿物體主平面方向延伸至貼於畫面,此輔助線稱之為測量線(Measuring Line)。

如圖19.15中,欲繪直線CD之透視圖,於俯視圖延伸CD至與畫面相交得C'D'。過C'D'作垂線,過前視圖作水平線,兩者相交得C'D'測量線之透視圖,過其兩端點分別與消失點連線，得透視線。作視點SP與俯視圖C、D各點連線與畫面相交，過交點作垂線與透視線相交即得C、D之透視圖。

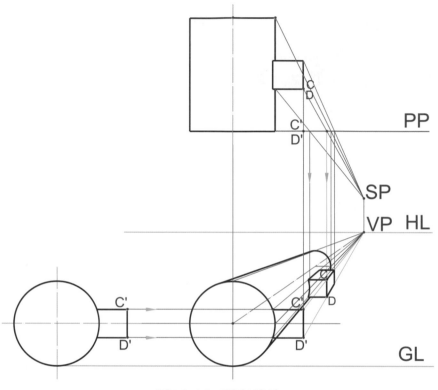

圖19.15　測定線法

19.5.3　消失點法畫二點透視

如圖19.16所示，係以消失點法畫二點透視，步驟如下：

1. 旋轉俯視圖至適當角度繪製，並使物體俯視圖之一角與畫面接觸，決定視點SP、視平線HL和GL之位置。

2. 過視點SP作兩線分別與物體俯視圖兩主平面平行，並與畫面相交，過交點作垂線與視平線HL之交點即為消失點VPR與VPL。

3. AB邊線與畫面接觸，故其透視圖呈現實長，可過俯視圖垂直向下及過側視圖引水平投影線得AB透視圖，過AB透視圖之兩端點分別與消失點作連線。

4. 作視點SP與俯視圖各點連線與畫面相交，過交點作垂線與步驟3之對應線相交得各點之透視圖，依物體之形狀連接各線段即可完成全圖。

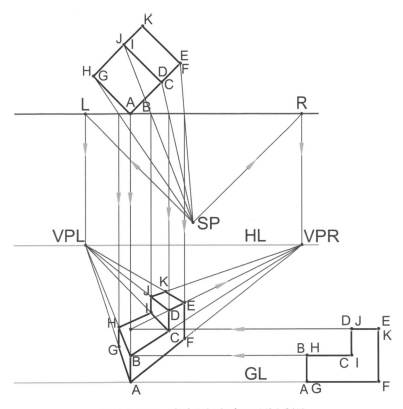

圖19.16　消失點法畫二點透視

19.5.4 消失點法畫三點透視

　　消失點法求三點透視圖繪法較為複雜，並且有多種繪法，本書只簡略介紹其中一種繪法。三點透視除了左、右消失點外，尚有一垂直消失點VPV。如圖19.17所示，其繪圖步驟如下：

1. 先以正投影法分別畫出物體傾斜放置後之俯視圖與右側視圖，決定各視圖視點SP之位置。

2. 於右側視圖中過視點SP$_r$作與物體底面平行之線交畫面PP於H點，過H點作水平線得視平線HL。過視點SP$_t$作兩線分別與物體俯視圖兩主平面平行，並與畫面相交，過交點作垂線與視平線HL之交點即為消失點VPR與VPL。過右側視圖中視點SP$_r$作物體高度之平行線交畫面於

X點，過X點引水平與過俯視圖視點SP$_t$引垂直線之交點得垂直消失點VPV。

3. A點與畫面接觸，可過A點之俯視圖垂直向下及過側視圖引水平線相交得其透視投影。三消失點分別與A點之透視圖相連。

4. 各點透視圖之求作方法與兩點透視相同，過SP$_r$與側視圖之連線對畫面貫穿點作水平線，可求出物體高度，最後依物體之形狀連接各線段即可完成全圖。

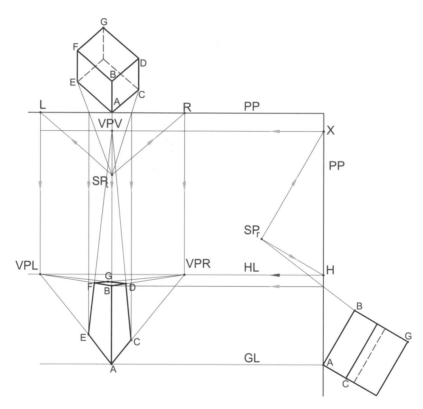

圖19.17　消失點法畫三點透視

19.6 測定點法(Measuring points method)畫透視圖

除物體之三個主平面可求其消失點外，任何線條皆可求其消失點，一組任意方向的平行線其消失點皆在同一點，當一條邊線上有多點須求其透視圖時，即可用此觀念求其共同消失點。

如圖19.18所示，在俯視圖中若將AB面迴轉至畫面上得Ab，則Ab可以實形繪出，投影至透視圖中得AB′，繪圖時可由AB′直接量度。若連接俯視圖中AD與Ab上之各對應點，各線皆與Bb平行，過視點SP作Bb之平行線與畫面相交，過交點作垂線與視平線HL之交點得消失點MPL，為所有與Bb平行之線條的共同消失點，稱之為量度點，其定義為：一面之量度點為該面真實位置及迴轉位置上對應點之連線的消失點。

過透視圖中AB′上各尺度點向MPL畫消失線，各線與過A向VPR畫消失線之交點，即得AB線上各點之透視圖。同理若旋轉AC可得另一量度點MPR，可畫出AC線上各點之透視圖。

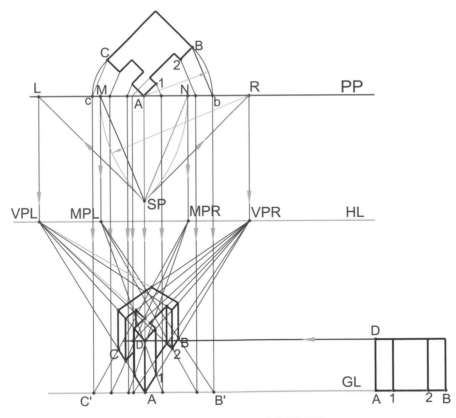

圖19.18 測定點法畫透視圖

俯視圖中三角形SP-R-M與三角形A-B-b皆為等腰相似三角形，因此求取量度點MPR可簡化：以R為圓心，R至SP為半徑畫弧交畫面於M，過M點投影至水平線HL得MPL，同理以L為圓心，L至SP為半徑畫弧交畫面於N，過N點投影至水平線得MPR。量度點法對繪製整排等間距之線條幫助非常大。

19.7 圓及曲線之透視圖

　　圓若與畫面平行，其透視圖為圓，若不平行其投影則為一橢圓，通常須以支距法描繪。在圓周上取若干等分點，定各點之支距，再利用前面各節的方法以找出各支距之透視圖，進而求出各點之透視圖，最後再以曲線板連接各點而得橢圓。

　　如圖19.19所示，可將圓等分，若先求出圓外切四邊形對角線之消失線，則可簡化繪圖步驟。

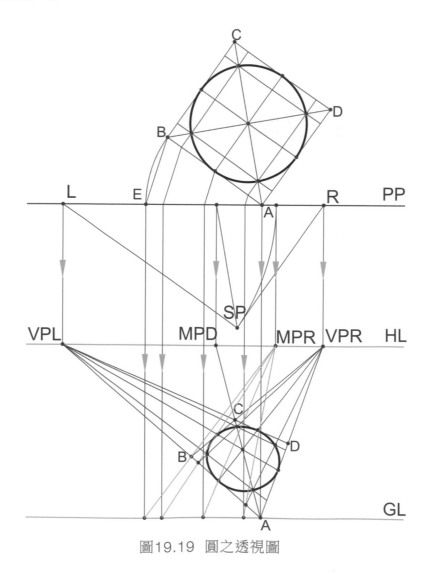

圖19.19　圓之透視圖

　　如圖19.20所示，繪不規則曲線亦可採用支距法描繪。對複雜曲線則可在曲線畫方格，求作方格之透視圖後，再比對曲線在格點之相對位置以繪出曲線之輪廓。

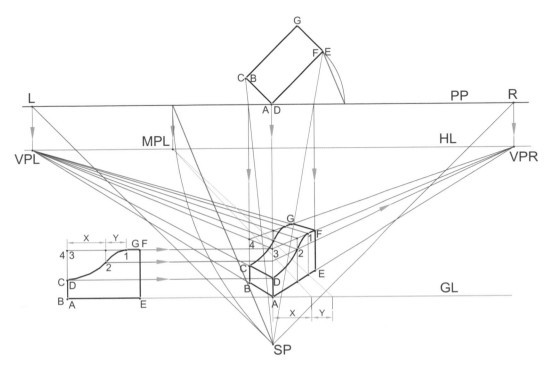

圖19.20　繪不規則曲線

本章習題

1. 繪下列各圖之一點透視圖，視點由教師指定。

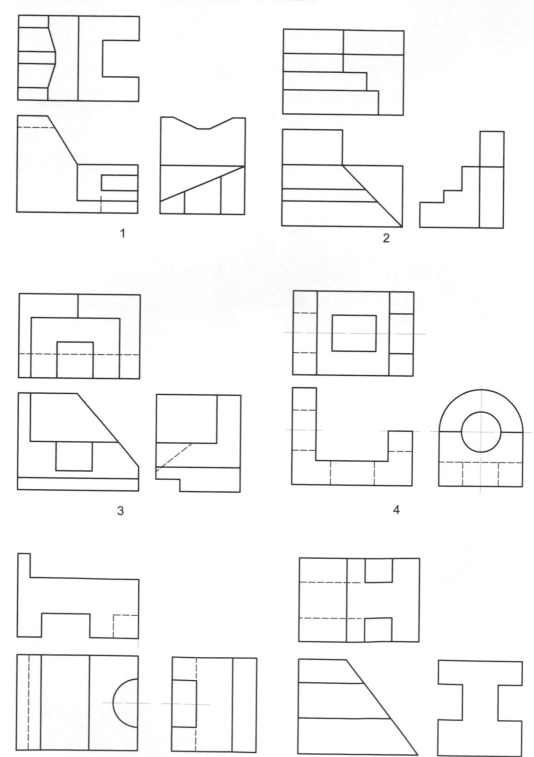

2. 繪下列各圖之兩點透視圖,視點由教師指定。

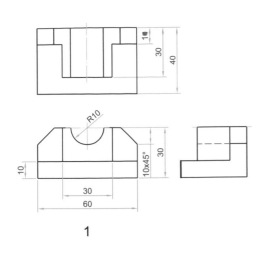

1

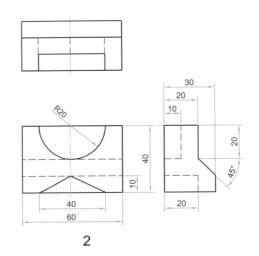

2

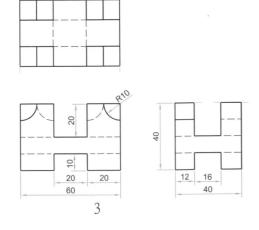

3

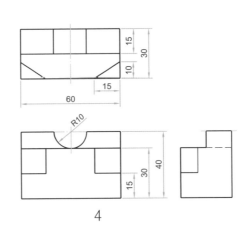

4

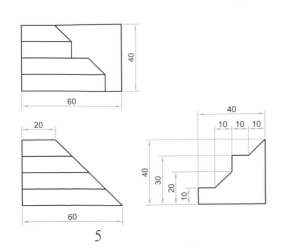

5

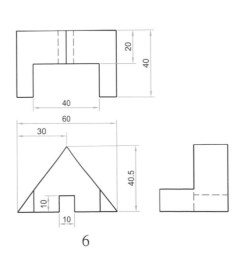

6

3. 繪下列各圖之兩點透視圖，視點由教師指定。

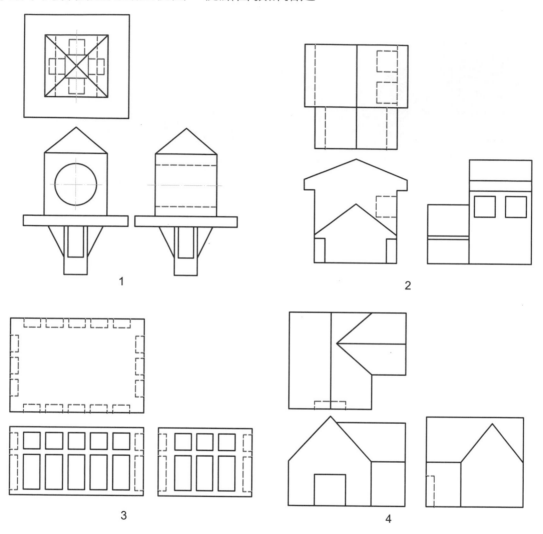

4. 繪下列各圖之三點透視圖，視點由教師指定。

心得筆記

心得筆記

心得筆記

國家圖書館出版品預行編目資料

CNS工程圖學 / 張萬子編. -- 第二版.
-- 嘉義市：洪雅書坊, 2016.09
面；　公分

ISBN 978-986-87292-8-5(平裝)

1.工程圖學

440.8　　　　　　　　　　105015460

CNS工程圖學 第二版
Engineering　Graphis

作　　者：張萬子

校　　閱：曾全輝

出 版 者：洪雅書坊

發 行 人：余國信

地　　址：嘉義市長榮街116號

購書電話：0952081775

初　　版：2016年9月

定　　價：550元

Ｉ Ｓ Ｂ Ｎ：978-986-87292-8-5